互联网产品
测试故事汇

陈 争 张立华 陈 晔◎著

清华大学出版社

北 京

内 容 简 介

软件测试行业是目前最受瞩目的IT细分领域，体现出越来越高的专业性，同时，伴随着互联网软件产品的高速发展，软件测试也在不断地调整、跟进。在这个过程中，有很多有趣的、有意义的测试故事，这些故事有的跟技术相关，有的跟流程相关，有的跟地位有关……总之，与测试工程师的工作息息相关。

本书中所有的故事源自网络电台，在此基础上，进行了深度的二次整理，把电台口述不严谨的地方进行了细心推敲，并加入最新的相关内容。特别注意：嘉宾观点不代表"小道消息"观点。本书故事均来自真实的测试生活场景，他们很平凡，但却活出了测试人自己的精彩和价值，并通过此书分享给更多的人们。

无论你是否是互联网软件测试从业人员，只要你愿意去接受别人的故事，愿意去接受新鲜事物与观念，那么这本书就很适合你。

本书是APP测试畅销书《大话APP测试2.0——移动互联网产品测试实录》的姊妹篇，如果想了解更多的测试技术细节，请参考《大话APP测试2.0——移动互联网产品测试实录》。

图书在版编目(CIP)数据

互联网产品测试故事汇 / 陈争，张立华，陈晔著. — 北京：清华大学出版社，2016
ISBN 978-7-302-44477-0

Ⅰ. ①互… Ⅱ. ①陈… ②张… ③陈… Ⅲ. ①软件—测试 Ⅳ. ①TP311.5

中国版本图书馆 CIP 数据核字(2016)第 165198 号

责任编辑：栾大成
封面设计：杨玉芳
版式设计：方加青
责任校对：胡伟民
责任印制：刘海龙

出版发行：清华大学出版社
    网 址：http://www.tup.com.cn, http://www.wqbook.com
    地 址：北京清华大学学研大厦 A 座   邮 编：100084
    社 总 机：010-62770175   邮 购：010-62786544
    投稿与读者服务：010-62776969, c-service@tup.tsinghua.edu.cn
    质 量 反 馈：010-62772015, zhiliang@tup.tsinghua.edu.cn
印 装 者：三河市中晟雅豪印务有限公司
经 销：全国新华书店
开 本：170mm×230mm **印 张：**11.5 **插 页：**1 **字 数：**290 千字
版 次：2016 年 9 月第 1 版   **印 次：**2016 年 9 月第 1 次印刷
印 数：1～4000
定 价：39.00 元

产品编号：065208-01

前言1

大家好，我是Monkey。这本书中的人物、故事、描述的形式等在诞生之前都完全没有什么计划可言，但读起这本书绝对会让你有前所未有的感觉。无论你是否为互联网的从业人员，只要你愿意去接受别人的故事，愿意去接受很多新鲜事物，那么这本书就很适合你。

本书中的所有故事和人物均来自真实的生活，他们和我们每一位读者一样那么平凡，但却活出了自己的精彩和自己的价值，并通过此书分享给更多的人。

本书中的所有故事除了本书的记载以外，均在荔枝FM平台（荔枝FM是一款移动互联网的应用，大家可以在上面搜索FM245329来访问测试小道消息的所有内容）上有着对应的语音记载，读者可以选择阅读此书了解我们平凡的故事，也可以选择收听我们的广播来更进一步地加入我们。

本书中所有的故事均采用了网络广播的方式以现场直播和录音这两种方式来呈现给听众。近几年微博、微信等越来越火，信息也开始爆炸，工作节奏也越来越快，大家慢慢地失去了过滤出自己想要的信息的能力，所以我们选择了"读书"的另外一种方式——"听书"，让大家能够利用起各种空余的时间来进行娱乐、学习和交流。

本书精选人气最高的十余个主题，并进行了二次加工和修正，补充了大量语音无法展示的内容。本书的内容和形式在行业中绝对是唯一的存在，如果你是一名测试从业人员，此书绝对可以让你站在前辈的肩膀上去更好地规划自己的发展道路。如果你不是，那么这本书中你能够看到一个个活生生的案例，去体会我们的酸甜苦辣和人生百态。

最后我想表达下我为什么想出这样一本书，很多人会质问，既然已经有了非常方便的广播，为什么还需要这样一本书面的翻译本呢？主要有两个目的：

● 测试小道消息的广播每一期一般控制在一个小时左右，很多内容都是即兴的，虽然气氛很轻松，但的确无法对每次的主题进行深入的剖析，所以这本书会很好地去弥补这点。

● 我非常希望测试小道消息能够一直办下去，也许现在讲述的是从业人员的故事，将来会将主题进行更多的扩展，但这一切的前提是更多的人知道，这样才能走得更远。

这里不得不感谢那些帮助我们将广播节目翻译成文字的测试同仁们。以下是人员名单，排名不分先后，其中ID都是TesterHome网站中的ID，如出版的时候我们还没有得知各位真名的话，则下面就不显示了，在此致歉。

@fan6761109，@yun 云根惠，@zailushang 李振，@azdbaaaaaa 周冬彬，@hello2014 林斌，@michael_wang 王云帅，@miumiu，@mavsforlife 王玮珉，@face_south，@changezhoujing，@mango_5 徐育娇，@arthur，@229max 白克俭，@xiaomayi0323 周金昇，@shixue33 箭烛，@reverie1900，@woniu 黄奕彬，@doctorq，@echo，@xhk1 phoebe，@jessica 陈曦，@laiyuncong8404 赖振海，@nancy2896 梁慧玲。

——Monkey
snowangelsimon@gmail.com

前言2

大家好，我是恒温。很多年以后，大家都该忘记我们了。很多年以后，荔枝FM也大概没有了。

所以只有变成了文字，很多年以后，你或许能在某个书店角落翻到这本书，掸掉灰尘，看看很多年前的软件测试工程师的生活。

这就是我们的期许。

很多事情，我们曾经放弃过，断断续续又接上。事实证明，永远都不会晚。

只要你开始做了。以前造房子会造很久，今天天气好，就砌墙；今天天气差，就睡觉，一个房子盖几年。慢！但是心情愉快。小道消息就是这样。

它永远不是一个任务，也不是一个压力，它是娱乐精神，属于我们这群软件测试工程师的娱乐精神。我们调侃测试，鄙视开发，吐槽公司，最后鄙视自己。

这也不是一档有恶意的节目，我们对这个行业从来都是心存敬畏的，如果哪里得罪了大家，必然是无心之言。你见过茶馆吗？我们就是茶馆里聊天打屁的人，就是少了一把瓜子。

说实在，我一开始是不看好小道消息成册的。口语的东西硬翻成文字，感觉总是怪怪的。但是当我拿到整理好的手稿的时候，我随意翻了几篇，我对Monkey说，这书能大卖。

因为这书会讲故事，这里面是一个个测试人的鲜活人生。他们讲述自己的学习、工作、生活。而我们也可以学习或者复制他们的成功。

2014年，是难忘的一年。小道消息青涩的一年。希望这本小书能给软件测试圈带去一点点温暖和共鸣。

——恒温

lihuazhang@hotmail.com

前言3

大家好，我是小兔。我是个喜欢听故事不喜欢做测试的测试工程师。因为故事总是精彩的，哪怕是再平凡的人也会有不一样的故事；测试工作是枯燥的，不同的软件都会走向重复的回归测试。准备写这本书的时候，我以为又要做重复的工作——把已经听过的故事变成相应的文字。真的敲动键盘之后，发现自己错了。读每一篇文字稿都像是重新听了一个故事，并且可以慢慢读，细细品味，能够收获的东西甚至大于曾经听来的。

不想说太多这本书能给大家带来什么，还有关于书的缘起，恒温和Monkey已经说得很充分很动人。来碎碎念一点我自己跟测试小道消息的故事：第一次来到这里是作为嘉宾被采访，不久之后有幸加入这个团队成为梦想过的"女主播"；没想过能坚持很久，回头看的时候，惊讶地发现测试小道消息已经有了超过50期节目，每期节目的嘉宾从事着相近的工作却拥有那么不同的人生。

"小道消息"这个名字很合适，它没有鼓舞人心的讲演，没有惊天骇俗的奇谈，有的都是鲜活真实的平凡人的故事。我们可以从中看到自己的影子，或者吸取别人的经验教训少走一些弯路，也可以取一些成功之经化作自己前进的动力。

很高兴在这里遇见了你们。

——小兔
superlily121@gmail.com

TesterHome和测试小道消息的目标

1. TesterHome

TesterHome是由几个对技术和测试行业充满热情和信心的人一起创办的，最早的切入点是做一个专注于对移动互联网一款新框架Appium做一系列的研究和国内的推广的社区。目前论坛中关于Appium的帖子已将近1000，并且同时也涉猎移动互联网安全、性能、自动化以及各种最新的测试技术。所有的帖子都保持 着非常高的质量，基本上都是移动互联网一线工程师不求回报的真实实践的经验。不过随着时间的推移以及TesterHome小伙伴们的努力，在这一年多里做了很多事情：

● 定期举办移动测试会（早期由其中一名创始人Monkey创办了这个沙龙，现在合并到了TesterHome）测试免费沙龙，并与某大型金融互联网公司、网易、eBay等公司合作，让更多的同学能够有一个交流分享的平台。

● 建立了TesterHome开源团队，目前负责Appium框架的文档翻译工作以及原理解析，包括开发和总结一些对行业有帮助的工具和文章等。

● 创办了测试小道消息这样一档免费的网络广播节目，随着测试小道消息的开播，测试行业类似的广播层出不穷，但测试小道消息依然是其中最受欢迎的。

- 举办了Mobile Testing China Summit 2015这样一个历史性的大会。这是TesterHome主团队第一次举办，也是目前唯一一次举办的大型测试活动。会议当天一共来了300多人，我们不仅邀请了Appium框架的两位主要开发者前来分享，还包括了国内各个公司的测试同学和大家一起分享自己的实战经验。这对TesterHome来讲是一个很大的挑战，也是一个全新的开始。

2. 目标

说到目标其实不赚钱是不可能的，TesterHome本身就已经是一个公益组织，但是服务器也好，活动也罢，都是需要实际的资金支持的。所以与其说赚钱，不如说是大家给予我们的支持，我们再回报到行业中。我们的目标其实很明确，希望能够成为测试行业中独树一帜的一个广播自媒体，大家可以从这个广播中去看到别人的生活，别人的学习方式，别人的理想，别人的过去，别人愿意分享的一切。通过广播的方式，即听到别人声音的方式能够让彼此更贴近，我们的人生只有一次，但是通过分享、交流的形式我们可以让自己的人生丰富起来，这才是测试小道消息测试最终的目的。

目录

1. 测试到底应不应该万金油

主持人：Monkey，恒温，小兔

嘉宾：无

"万金油"从字面意思来看，应该是个一涂就灵的好东西。如果是工作中的"万金油"，那是否意味其是很厉害的人物呢？这期节目，大家围绕"万金油"展开了热烈讨论，好还是坏留给读者来判断。

小兔： 大家好，我是小兔，测试小道消息又和大家见面了，谢谢大家这么晚还在收听我们的节目。今天我们讨论的主题是：测试做成万金油奶妈是不是好事情？节目录制的过程中，大家有什么要吐槽的事情，请随时在YY的讨论区、微博等各个地方来更新，我们都会帮大家匿名说出来的。

下面有请另外两位主持人。

恒温： 大家好，我是恒温，我现在在上海，因为天气变化，所以感冒了，这段时间感冒的人挺多的，大家一定要注意身体。

Monkey： 我是Monkey陈晔晔，最近几乎所有微博上的，小到还没毕业的，大到做总裁的，来私信我都是"hi，你好，陈华华"，反正他们都不认识那个字，Dennis（某一期的节目嘉宾"段念"）都是这么喊我"陈华华"。然后我们正式开始今天的讨论，首先有请小兔——月野兔来帮我们读一下社区里的帖子。

先把内容读一下吧，因为之前我把奶妈这个词放出去以后，很多人不知道是什么意思。

小兔：（TesterHome社区里的帖子）我身边认识的很多测试工程师，包括我自己，在团队中待久了以后，对于产品需求和使用的技术都非常熟悉，往往不知不觉就承担了很多责任之外的工作——项目经理会向你咨询项目进度，开发呢又非常依赖你的测试。虽然项目缺了你，各方面都会大打折扣，但是你自己的付出却没有一个直观的结果，而你却承担了这么多额外的工作，对自己的学习和进步实际上很不利。

下面有人回复说，其实要看万金油到什么程度了。万金油是褒义词，一涂就灵，干嘛不用；有人说，公司都是以结果为导向，帮助人是过程，业绩达标才是结果，老大晋升也是看你的业绩，帮助人是一种美德，不是你的业绩，所以慎行；也有人说，当年他也是被各种问题缠绕，搞得自己心力交瘁，同事的问题也不好意思拒绝，不然就会被认为是耍大牌；还有人说，成为"万金油"也不是一件容易的事情。

我觉得从整体来看，大家对"万金油"主要还是在褒，你们觉得呢？

恒温：我觉得"万金油"这个词，其实是一个褒义词，帖子里说的应该是那种"三脚猫"吧。

小兔：发帖人说的万金油，像是那种在项目里待得很久，对项目很熟悉，然后自己本身又比较厉害的，感觉也不像是那种三脚猫的人。你们对这种很厉害的奶妈或者保姆，怎么看？

Monkey：我对发帖人的意思比较了解，其实这类人并非很牛逼或者好像很怎么样，大部分人是属于被逼无奈的。流程不太完善，大家可能对测试的定位比较乱。有很多类似这种情况的企业，里面的测试有可能是一会儿做这个，一会儿又做那个。他发现自己一会儿是做测试的，一会儿又要去督促、去催开发，一会儿又要去纠正用户体验，一会儿又要干嘛干嘛的，最后就会发现我什么都干。其实，从整个的职业发展和职业规划来讲，测试这个行业或者测试这个岗位，的确不像PM或者developer或者sales、marketing这么focus，测试的确有时候需要这边管管，那边管管。最后就会发现，在工作中你如果要想focus在测试上面，算它一天8小时，里面有4小时做测试的话，你真的能够4小时里在那边不停地做测试吗？你们不停地被A、B、C、D、E等各种各样的人来打断，到最后就变成你自己也会觉得很乱，你可能也会对测试这个岗位到底应该做什么也变得迷茫。到最后，你会发现你大部分时间都浪费在交流上，浪费在发帖人所说的这种"奶妈"的事情上面。当你想在测试这个岗位上再深入或者有所建树的时候，你就会发现不行，因为你的精力就这么点，然后在整个过程当中，你把精力分散到了各个点上面，说得直白一点，到最后一事无成。我觉得奶妈大部分是属于这么个情况。

恒温：我觉得，你要成为这样子的一个奶妈也不是很容易，因为一般的小测试是不允许做这种事情的。我觉得这个状况倒是蛮像我目前的状态，我们这种角色被称为接口人，就是说，对各方面都要进行接口，比如说对PM，开发，然后需求，然后测试这边的人员调配，那所有的这种资源都是你去掌控。然后你也要从上家那边比如说从开发那边拿资源，然后再把它提供给下家，相当于是中间第一个枢纽，你得负责运输这些东西。

小兔：听起来像是manager这种管理类的职位，有点像测试这边的一个管理，所以会有很多时间用到了应对其他部门或者同事上。然后如果真的遇到了这种情况，可以往管理岗位来走吗？

Monkey：我们一个个来讲，首先，你们两个同意不同意我下面要说的——大部分测试，其实不管他们心中愿意不愿意，慢慢他们就会变成所谓的保姆或万金油这种角色。

小兔：我想是有很大可能的。

恒温：因为我们测试其实是有专线的，他可以专职做自动化，但除去这一块，真的是做手动测试或者做需求的，会慢慢变成我们所说的manager，就是万金油这种角色。

Monkey：好的，我们撇开这些所谓的做自动化测试的，这些focus 在白盒，unit test或者automation上面的，只要是做业务测试的，我相信，慢慢就会往万金油这条路上走，或者慢慢就会有这种趋势，对吧？这一点我们都是同意的，没有问题。接下来第二个问题，像这样一个趋势，好还是不好，还有就是你们觉得将来会不会改变？

小兔：我觉得好不好要看每个人的情况。比如说，如果是我，我本身技术上比较弱，钻技术对于我来说不太可能，而且也没有什么优势——我不知道是不是很多人会和我有差不多的经历和想法。如果说做一个类似这样的万金油，能增强自己的沟通能力或者说能走向业务，同时也锻炼了管理的能力，似乎还是有好处的。但是，如果万金油这种打杂真的只是打杂，我觉得那也是不好的，我宁愿是去钻研一个方向，去钻研一个技术，就看这个打杂怎么打了。

恒温： 从我自己的角度出发的话，比如说你已经做了四五年的手动测试，再加上两三年自动化经验，就是你在测试岗位待得比较久了之后，我觉得这种角色对自己的发展还是比较有利的。一个是可以提高你的存在感，无论是在开发那边，还是在老大面前，或者在需求那里，你在整个项目中的地位也都提升得比较高。同时的话，你会觉得你自己真正地融入了这个项目，大家的产出就是你的产出。当然你在做这些事情的时候，你一定要把你的这种表现或者产出体现给老板看，不然的话，你就算是万金油，碰到哪儿哪儿不灵的话也不行。

Monkey： 那也就是说，你们觉得只要对自己的发展有利，或者说和自己的发展相对比较match的话，万金油其实也是一个比较好的现象。

小兔： 嗯，我是这样子觉得。

恒温： 对，我也是这样觉得。

Monkey： 那你们觉得以后，万金油继续往后发展的话，责任会越来越明确还是会越来越模糊？也不是责任，应该是职责。在微博上有很多人在讨论：一类人说，哎呀，以后测试肯定就灭亡了，没有测试岗位了；第二类人也是说，可能没有测试了，以后都是测试开发，也就是说以后都是SDET；就是各种各样的说法都有。你们怎么看待这个现象或者趋势？

恒温： 个人觉得，SDET这个职位会消亡而并不是说测试会消亡。因为SDET会慢慢变成开发，像我目前所在的项目就是，我们有专门的测试团队做开发，让他们给测试做一些开发的东西。他说到底也是开发，title也是给开发。那对于测试来说的话，根据目前这个情况，不太可能会消亡，因为无论是从开发还是PM方面来看的话，大家质量的意识都不是很高，可以说，如果一个项目中没有测试的话，这个项目发布之后会非常糟糕。这个当然是就目前国内的形势来看的，不知道国外是怎样的。我曾经在Google待过，我们那个时候，可以说是没有真正意义上的SDET，就算是SDET，你也要来测试业务，如果是脱离了业务的话，这些SDET真的是挺难存活的。

Monkey： 好吧，我果然又要感谢我自己，我果然是业务上的SDET。小兔呢？

小兔： 我一直觉得软件测试就像是生产线上的质检员，然后生产线上是永远不可能少了质检员的，那我觉得软件这个行业当然也少不了软件测试。而且假设真的是没有了测试，那谁来对这个产品找碴儿，进行一个质量的管控呢？我觉得这个事情让开发自己来做，不是很靠谱，自己做出来的东西，想要找出来一些缺陷和错误应该没有那么容易吧，而且时间上也会不够。并且越复杂的产品，那越需要别人去帮你找一些错误。就这些方面来说，测试应该会发展起来而不是会消亡。还有一个主观因素，就是我不希望它消亡，它消亡了，我用什么混饭吃。

Monkey： 让我总结一下啊，恒温的point就是职责肯定会越来越明确不会模糊，而且它是不会挂的；小兔也是认为职责会明确。

现场有位同学说，一般junior tester leader容易成为这样的保姆，因为junior leader一般需要管得比较多。自己的team member都要follow，team member遇到问题也会帮着去处理，然后测试leader可能会比开发更关注流程、deadline什么的，所以慢慢就变成了保姆。你们怎么看这件事？

恒温： 这个我不能同意更多啦，因为我现在就是类似于一个junior leader。不过，我这个人做事有一点比较好，就是很关心整个过程、关心它的产出。

他说的一个就是team member如果遇到问题要去处理，这个是当仁不让的。因为我上面也有老板，他如果找我，我不帮他处理的话，他就会去找我老板——老板亲自出马就等于在打我的耳光对不对？所以，这个处理肯定是要跟进的。同时的话，怎么说，他并不是一个保姆的概念，而应该是一个顾问的概念。就是说他们提出的问题有各式各样的，你必须懂各式各样的知识才能去解决他们的问题。比如说有安卓的调试，那你就必须懂安卓的知识；又用到比如串口啊，像我现在在用串口，串口调日志啊，那你也得会；然后刷机，那你也得会。那如果遇到生活上的问题，当然他们不会找你。我觉得保姆更加偏向于生活，比如处理一些个人情绪这种问题，相对来说的话，一个leader可能更像是团队中的小顾问。

小兔： 我刚看了一下这位同学发在讨论区的帖子，就我现阶段的理解，觉得做一个leader，做这些事情好像是比较合理的。就是当你做到了这样一个leader，这样一个管理岗位以后，你所看到的范围肯定要比作为一个member要广吧，不光要focus到自己手头上的工作，肯定要更关心整个流程。而且可能会作为一个接口，去跟各个其他部门或者各个人去沟通，在我看来是情理之中的。

也是因为我所待过的公司，做到那个位置的人好像都会处于这种状况，所以觉得这是应该的。虽然上家公司的这个leader后来就跳槽了，待不下去就跳槽了，但我想应该不是因为成了保姆吧。你们怎么看？

恒温： 我看到有一个人说，当保姆不利于member的成长。那要看你怎么当保姆了，如果你一味地护着你的member的话，往后什么事情都帮他们做掉，那的确不利于他们成长。比如说我上家公司有个同学叫wind，他现在是在某大型金融互联网公司，他有个光环叫"无工作光环"，因为无论什么时候他的老板都会帮他把事情做完，然后他一个人就会无所事事，这样子真的不利于员工的发展，因为员工什么事情都做不到嘛。然后另外一个，整个项目中流程的把握、责任的担当这些，都不能被考验到，导致我同事进入某大型金融互联网公司以后，还是一样——无工作光环。

Monkey： 这个，我羡慕嫉妒恨啊！

小兔： 我也遇不到这样的"好老板"。

（讨论区帖子）最近接到一个项目，公司人事部说要做一个OA系统，这个系统是内部用，然后公司高层都会比较重视，但是没有做需求的人，也没有项目经理，然后测试的老大就跟我说，你去接这个项目吧，然后给公司高层的邮件中说，需求就按照测试时的case来，然后当时他也很不理解，业务也不清楚，怎么写case，然后只好把人事的一个人拉出来，再带上开发，跟他们讨论要做成什么，大概做成什么样子，然后业务流程是什么样的。然后他先写了一个大概，再让他理一个列表，最后去完善需求，而且最惨的是，这个人说，如果项目做不好，估计他就前途暗淡了。

我觉得这个很坑啊，这明明就是把一个测试变成了一个项目经理的样子了呀，你们，怎么看？

恒温： 首先，如果老板要求你去做这件事儿，说明你有这个潜力，那么我们先要肯定老板的眼光，说明你是非常有潜力的一个人，值得委派去执行各种任务的人。其次你要去明确自己的职责，如果你是个测试，你不能做这件事儿的话，就要跟老板说，这是项目经理的事儿，如果你要我去做，那请你发项目经理的钱给我，对吗？就我经过的几个小公司来说，很多时候，老板真的会把测试leader当作项目经理来用，跟需求，找开发跟进度，还有测试的产出，最后的还有release也得你来做。这个跟公司规模是有关的，有的地方就恨不得把你一个人当各种角色来用，那也无可厚非，拿这一份工资就做这一份差事吧。

Monkey： 嗯，我以前就干过这事儿。

小兔： 那你感觉如何，应该有很多可以说的。

Monkey： 我待过的三家创业公司基本都是这个结果，测试leader最后变成了产品经理。我觉得是这样子的，不管你的老板是不是慧眼识英，还是说他大智若愚，承担更多的职责对你来说都是一个锻炼，这个是毫无疑问的。这件事情会对自己造成怎样的影响，就看你怎么去看待这个问题——积极的态度去看，可能是这样一面；不积极的态度去看，就是另外一面。

而且如恒温所说，你自己要弄清楚，乱可以乱，事情可以多，但是你自己得去清楚这当中哪些是你应该去做的，哪些对你来说是有帮助的。如果你一年中同时做了很多事情，各方面知识都有深入，既锻炼了沟通能力，又锻炼了各方面的技能，这肯定是一件好事。但是，如果你一年都是在打酱油，虽然看上去很忙，但是回过头来却发现自己啥都没学到，不知道之前到底在忙什么，那就是浪费了时间，所以这个事情是有两面性的。

又好比我们之前聊过的，功能测试和自动化测试到底孰优孰劣，到底是手工测试技术含量高还是自动化测试技术含量高？有很多的人，他们在各个场合下都会说：我觉得手工测试这个技术含量很高的呀，功能测试是自动化测试永远替换不了的，然后这个是我们很看重的。实际上，他自己拼了老命，花很多时间去研究自动化，去写代码；而且公司里面他也给做自动化的人工资比较高，给做手动测试的人工资比较低。这是为什么呢？原因很简单，就是他自己知道什么才是正确的，但是他也不得不去迎合社会的某个现状，包括公司的某个现状，这个是没有办法的。我们作为一个测试工程师，要在这两方面都有自己正确的理解，不能只知一不知二；然后只活在理想状态，这个基本是不可能的。

恒温： 我发现我们把万金油的火引到PM身上去了，是不是产品经理就成了一个我们鄙视的职业？

Monkey： 产品经理不是被黑一万年了吗？

恒温： 其实测试就属于PM。

Monkey： 其实人家PM还会在背后说：我们技术还是很高的好吗，你不要以为你想做PM就能做PM！然后像PM这样一个角色，为什么会被黑？虽然我不知道整个PM行业是怎么样的，但是至少我碰到的很多PM，他们也许有很多的经验，但是至少在一点上面，我认为他们是很没有经验的——他们不知道怎么去和技术人员做沟通。

小兔： PM跟技术人员生活在两个不同的次元吗？

Monkey： 这也分两种情况吧，一种就是，有一类PM自觉很牛逼，手掌大权，他根本看不起你们。第二种就是，他的表述方式导致，他自己说的A，但是容易被技术人员理解成B、C、D了。我并不是说PM一定要有写代码的底子，但是他必须对于这个产品或者来说他们要做的这个项目有一个深入的理解，而不是仅仅仅限于需求上面，不然到后面就是鸡同鸭讲了。

小兔： 对于我们所说的万金油，有没有哪一个点、哪一个机遇会让一个测试变成一个万金油呢？

Monkey： 你是说我们需要告诉所有的人，怎么促使他们变成万金油吗？

小兔： 或者是怎么避开？我有点好奇，是只有一些测试会变成万金油，还是说你在一个项目待久了，都有可能会变成这样的角色？

Monkey： 我的观点是这样子的，像刚刚说的，如果你是一个非tester的岗位，相对的都比较focus，这是第一点。第二点呢，这些岗位他们的KPI以及它们的考评都会是一些比较正向的标准。比如developer，他是一个从0到1的create的过程，很多开发人员哪怕每天蒙着头干，啥声音都没有，只要东西做出来了，大家都能知道。同样的对于PM，你这个项目，无论你是program还是project，只要把项目或者产品带出来了，没有人会对你有差评的，就算有人对你有差评，老板对你也是好评的。还有sales、marketing也是一样的，一切以结果为导向。但是测试就会很尴尬，测试是一个从负无限接近于0的一个过程，不像其他岗位是0往正向发展的，为什么？因为从广义上来讲，我们是为了保证产品质量的，那么从细节上面来讲，无论你是做什么的，你就是找bug的。如果你是找bug的话，bug这样一个东西，它肯定是数量在不停减少吧——就是一个从负象限无限到0的过程，而且不可能没有bug。所以在这种情况下，我们会发现，大家对我们的评价和看法都会模糊。慢慢地有很多的测试会觉得，我做的事情好像并不是那么重要，就是似乎不能让别人这么明确地知道我是干嘛的，会产生自我怀疑。反正在各种各样的客观因素下面，只要我之前说的前提没有改变，我认为万金油的处境是必然的结果。比如说小兔，你现在做的时间还不长，你慢慢往后走，肯定也会变成这个样子的。

小兔： 所以你觉得是不可避免的？

Monkey： 对。

小兔： 那恒温怎么觉得？还是说你现在就是这么个状况？

Monkey： 他永远这么个状况。

恒温： 对，我从一开始做测试之后就变成了这个状况。

小兔： 这个是不是跟能力有关，就像能者多劳一样？如果你比较厉害，可能很多事情自然而然就被吸引到你的身上来了，很多人也被吸引过来了。

恒温： 我觉得不是能者多劳这个特点，而是比较好欺负的那种，换句话说就是心地比较善良。

Monkey： 我插一句话，从发帖人要表达的意思，以及我个人的point来讲，我觉得所谓的"万金油"或者说"奶妈"，绝对不是什么褒义词，是有贬的含义在当中。

小兔： 刚刚恒温说到觉得好欺负这一点，发帖的人似乎也这么认为。他说自己以前也经历过这样的事情，然后现在也有这样的困惑，他建议只帮助值得帮助的人，帮助好人也是帮助自己，帮助坏人就是为自己挖坑。然后还说帮忙只帮两次，以后就用借口推脱，这两次如果不是他们非要找你，也要让他们发邮件再定，必须向领导申请一下，自己的付出必须让领导认识到，这样就算自己的事情被耽误了，老大也会体谅的。恒温，你怎么看？

恒温： 我在Google的时候，不是这样做的。那有问题来找我好了，尽管来找我。比如修文，经常会同样的问题问我四五遍、七八遍，那我也是不厌其烦地解答，我可能就是比较爱帮助别人吧。

小兔： 还是说你比较爱帮助修文？

恒温： 其实是因为跟他是好哥们儿。很多时候，的确应该帮忙的话，也不要帮太多，一方面帮太多会害了那个人，让他对你产生依赖；另一方面，就是真的会花费自己很多的时间，而且体现不到自己的工作量上，对自己的产出毫无帮助。比如最近一次，我支援一个项目，有同事来找我，让我帮他来跑某些测试，我教了他一次之后就说：第二次你要自己来了，我不会一直支持你。在工作中大家手里都有一堆事情，也都知道彼此很忙，所以在问问题的时候就要非常到位。同时，你要对他的回答，至少我个人觉得是要把他所说的信息全部捕捉下来，然后自己去慢慢分析，如果是实在没法解答，再去问他，我觉得他应该也能谅解——可能第一次沟通并没有达到真正想要的效果。我自己想的是自己尽量不去麻烦别人，让别人来麻烦我的话，我如果有时间会尽量帮忙，那如果我真的没有时间，只能和你说，你去找资源，找别人或者等我有时间了我再帮你。这个圈子很小，你不必为了这种东西去得罪别人，同时你也要坚守自己的原则，否则的话，所有的人都来问你，这个怎么做，那个怎么做，或者所有的人都来让你去做这个做那个，到那个时候你就痛不欲生了。

小兔： 就是要留个底线——不能影响到自己的工作。

恒温： 对，如果会影响到自己的工作，就要把这个问题抛出来。就是说他让你帮忙的事情已经超出你的底线，那就要把这件事情向他的领导还有你的领导反映，就要把这个算成是你的工作量和产出，否则对你来说是没有意义的。譬如我在Google的时候，会做一些面试还有一些small talk，或者code review，都是不算在工作量里面的。比如说code review，一次code review真的能花很多时间。我记得那当时有一个模块叫作Inventory manage，那个code review就花费了某个开发整整一个礼拜的时间，这一个礼拜对于他来说是没有任何产出的，那如果这个公司很在乎日报、周报，或者其他明面上的成绩的话，他真的就是这一个礼拜没有任何产出，是非常不好看的。

Monkey：我来总结下，就是不管啥事，你做了，就得让大家知道。昨天我参加某大型金融互联网公司年会的时候，就在心里想，到底应该怎么做，才能在几万人当中脱颖而出？首先，无论自己做了多大的贡献，得让别人知道，不然就等于没做。

我们说的万金油可能是在工作中既管测试又管其他的，比如说督促项目进度、code review等；还有就是有些SET或者在业务当中经验比较丰富的测试，A业务找他，B业务也找他，C业务也找他，A框架找他，B框架也找他，C框架也找他，然后A这边代码也找他，B这边代码也找他，到最后就发现虽然我做的是测试，但是这些都不是自己分内的工作，因为可能并不是你负责的一个项目，也不是你应该去做的。所以说像这一类东西，我一直觉得无论是需求变更也好，还是别的项目给你的工作量也好，或者说是你的朋友还是基友来问你问题也好，只要是浪费你的时间比较多的话，都得把它算在自己的工作量里面，然后把这些东西发出来，至少得让你的主管知道，或者是让那些能够影响你的KPI考核的人知道。否则忙到最后你发现——我很舒畅，我很有成就感，我帮了A、B、C、D、E，但到考核时只得了中等或者差评，这个就得不偿失了，对吧？

小兔：是的。不过如果成了万金油的话，会对自己在公司里面的人缘或者升迁有什么好处吗？

Monkey：好与不好跟性格有关，作为一个万金油，如果你的性格比较闷，那么你这个万金油P都不是；如果你本身的性格是比较Open的，那么我觉得短期内还是有一定好处的，但是从你在这家公司长期的发展角度来讲，没什么好处。就是哪怕每次你把责任撇得都很清，到最后如果有问题还是会牵扯到你。公司上层领导其实要求不高，他们的要求只有一点，就是你完成你本身应该完成的任务。我绝对不相信你帮助了两个人，而你因为帮助这两个人，没有完成自己要做的工作，还能得到领导的好评，这不可能。

小兔：Monkey是不是没有做万金油的苦恼？

Monkey： 我啊，我不是一开始就万金油吗？

小兔： 但你是个很成功的万金油奶妈。

Monkey： 成功与否我不知道，我的万金油生涯是这样开始的。我最初在只有10个人的小公司干活，我进去的时候，老大和我说："哎呀，我们测试没人干，你干测试吧。"我说："哦，好的，干测试。"然后我问："有几个项目？"他说："我们有三个项目。"我心想：三个项目还可以不算多。然后他说我们每个项目有2个branch，然后我低头一算，那就相当于6个branch的代码，然后我就无语了。做个大概几个月之后呢，他跟我说：我们这边没有marketing的怎么办，你作为一个测试比较了解产品，帮我们推广一下吧。我说：哦，好的。于是我开始做推广。等到公司校招的时候，老大又说：我们可能有些微博推广，还有校园宣传、易拉宝制作等没有人干，你帮忙support一下吧。我只能说"嗯，好"。反正各个方面都是我来做，到最后说我们没有PM，你来兼任一下吧。我就是这样从一开始就走上了万金油这条路。

小兔： Monkey觉得万金油对于你今天所取得的成就有促进作用吗？

Monkey： 有促进啊，就像我刚开始说的，好和坏要看你怎么去对待它、去总结它。比如说我一开始是抱怨，虽然去做了，做完以后就拉到了，没有再去深究到底应该怎么做才是比较好的，就学不到东西。所以是由你做事的态度决定的。

小兔： 所以说，怎么做万金油，也是个学问，对吧？

Monkey： 对。

小兔： 好的。还有一个帖子这么说：针对万金油的事情，他有一个很坚持的点，就是专心做事，才是成功的关键。是不是也类似于要有自己的底线，首先不能耽误自己的事情。

Monkey： 底线是一方面啦，还有一点我经常说的，一个测试不管做什么事情，他自己心里得清楚到底哪些对自身是有利的。因为不管怎样，我觉得个人的成长和发展都是优先级最高的。比如说我在一家公司里，想给这家公司带来更大的价值或者更大的利益的话，前提是什么？前提不是我帮助过很多的人，也不是我好像所有的人都认识，只有一个永远不变的前提，就是你必须先强大你自己。

小兔： 讨论区有人说，测试写产品说明书到底合不合理，会不会比较好？

Monkey： 产品说明书是什么，是需求吗，是PRD吗？

恒温： PRD肯定不是产品说明书啊，产品说明书应该是SOP。我觉得PRD应该是由PM来写，产品说明书应该是文档那边来写。

Monkey： 没有，PRD可以是由测试来写。

恒温： 哎，那就是测试在做PM的事情。那关于这个说明书，我可以讲一下。我以前在AMD的时候，有一个叫SOP（使用指南）的东西。那其实应该是测试帮忙文档工程师来写，而不应该由测试来写。因为产品说明书里的一些措辞真的很讲究，如果说你不是专门写作的人，可能想不出好的用语。像我们这些测试，英语可能不好，然后，技术也不够厉害，那就会很尴尬，写得不伦不类。

Monkey： 我要强调一下，这个绝对不应该是测试写的。测试可以帮忙review，测试可以帮忙support，以及帮忙提供图片，帮忙提供测试环境都可以，但是不能亲自来写。

小兔： 在Google里面会有technical writer这样一个职位，在跟项目里的PM、开发或者测试沟通之后，这个职位的人会详细地定义每个字段，还有一些书写help center里面的文档。

Monkey： 所以，不管怎么样，这事儿肯定不能由测试来做。

恒温： 但因为是万金油测试嘛，能做这个事情也不奇怪了。其实做什么事情，你越去做的话，别人就会越给你很多的事儿。有的时候要学会装样子，要学会晚汇报——就是你即使做完了，你也要装作还没完成。

Monkey： 就是你先不要做，先把工作量评出来，然后告诉下人家，我完成这个事情大概是什么时候，你们觉得能接受的，那我就去做；如果你们觉得不能接受，那我就不做。

恒温： 我以前一般都是很快就做完，而且没有遇到那种会被加很多劳动量的事情。

小兔： 有人说，有个好老大也是关键，好的老大能够帮我们过滤掉很多杂音。

Monkey： 老大太关键了！我们现在有工作没有被迫辞职也是因为有老大罩着啊。我曾经裸辞就是被当时的老大逼走的。

恒温： 其实测试变成这个样子，很多时候都是公司意识形态的问题。比如说，产品的质量，大家都懂的，不光是测试，应该是所有的人都为产品负责，但是如果出了问题，总归要有人背黑锅，那只有测试来背。那测试团队里总归不可能是老大来背黑锅，对吧？那老大只能找个小弟来顶，就是这样子。

Monkey： 这种老大真的是太作孽了。

小兔： 我觉得还好我没有碰到这样的老板，我碰到的老大都还是比较好的。

Monkey： 我敢打赌在你未来的人生道路或者职业道路上，肯定会有很多的事儿可以说出来让我们开心开心的。

恒温： 不过，我觉得自己遇到的老大都还是不错的，至少还没有遇到比较坑的老大，还从来没有过。

小兔： 我觉得做测试的话，万金油可以作为一个附带的技能，首先要有专业技术，然后再去做万金油。今天的小道消息到此结束了，谢谢大家。

恒温在做一个论坛（test-china.org），致力于打造一个小众高端的测试社区。

2. 豆瓣工程副总裁段念专访

主持人：小兔

嘉宾：段念

本期嘉宾作为一个测试"老兵"，有很多故事可以讲，但是这次他没有讲故事，用他的话说：故事讲起来很过瘾，但是你不一定能从故事中理解我要讲什么，他直白地分享了很多"读后感"。如果用心读完，相信会受益匪浅。

小兔：大家好，测试小道消息又跟大家见面了，相信这期的节目大家应该期待很久了，因为我们很荣幸地请到了时任豆瓣网工程副总裁的段念大哥来做这期的人物访谈。段念大哥和大家打个招呼吧。

段念：大家好，我是段念。我有听过测试小道消息过去的两期，蛮有意思的，提到了各种各样跟测试有关的话题。虽然我有几年的时间没把主要的精力放在测试上，但是在测试这个行业也做过大概十来年的时间，所以有机会和各位一起来分享一下做测试的体会和感想也是一件很有意思的事情。

大家感兴趣的话，我也很愿意分享的，从1998年到2011年我都在做测试相关的工作，我觉得这个行业有很大的发展潜力， 各个方面也发生了很多的变化。我现在看到的是越来越多的优秀的工程师开始进入这个行业，总体来说是一件很好的事情。关于整个行业的发展，我个人的确是有些可以和大家分享的观点，比如说关于对待自动化测试的态度，关于对待手工测试或者测试设计，怎么让它嵌入到团队中间，让它发挥更大的作用，等等。

小兔：您从1998年就进入了测试行业，那从1998年到现在互联网行业包括测试行业应该发生了很大的变化，面对行业的变化，你觉得测试人员应该如何转变？比如从思想或者技术上来说。

段念：这个问题我可能没办法给出一个特别明确的结论性的东西，但是我可以说下自己的看法。1998年我刚开始做软件测试这一行的时候，国内并没有太多叫测试工程师的角色，最多就是叫测试员的角色。从我现在的角度看，我觉得那个时候的测试员不太像测试工程师，可能更像一个有点鼠标和键盘技能，只要理解能力能达到一般水准就够了。但是现在你看测试这个行业，你会发现在十多年的时间里发生了非常大的变化，我们会强调测试这件事情不再仅仅是测试工程师的职责，那我们会在产品的开发过程中越来越多地把测试向上面或者前面的环节推进，从这个角度来讲，像性能、安全，包括现在各种新测试技术的发展。无论是从测试技术或者是所覆盖的范围来说，十几年时间里都有巨大的变化。

小兔：那个时候也是有专门的测试员这个职位还是由其他人来兼任这个角色的？

段念：我现在不太记得了，我当时转到测试也是比较偶然的机会，并不是以测试员的身份进入公司的。当时华为要成立一个测试部门，就把一些技术线上的人直接放过去了。所以我做测试是有很大的偶然性的，也不是一开始就计划要做这样的工作。现在回想起来，98年的时候我们整个测试部门的人，没有人明白测试是什么，大家以前都是做开发的，分到测试部门以后，就觉得测试是让开发出来的东西得到某种程度的验证，所以我们当时想了各种这样的办法来去做。印象深刻的是，我们每个人都有不同的做法，我的做法比较倾向于调试，就是把开发工程师的代码拿来在本地调试，发现有问题我就直接改了，改完之后提个bug给开发工程师，然后说你某行语句有问题，你不能这样写，应该怎么写，现在看更像是code review的工作，不太像测试的工作。

小兔：就是你发现问题就直接改了，然后告诉他是个bug，并且你已经改掉了？

嘉宾段念：改掉倒没有，因为我提交不了代码，我会告诉他是哪个文件哪几行的问题，他不应该这样写，应该怎样写，都写在bug报告里面。从我现在的角度来看，我并不觉得这是一个足够合理和高效的方式。当然，你可以看成是code review的一种形式或者debug的一种形式，但是这种形式的效率是相当低的。很难想象一个开发工程师还有一个专职的角色配合他来做调试这件事情。从测试的角度讲，你需要在一个比较短的时间或者有限的时间里面尽可能地覆盖测试中的风险，这才是测试一个high level的目标。从这一点来讲，我的这种方法有可能从局部来看能解决一些问题——我的确通过这种方式发现了不少问题，但是从效率上来说它不是一个高效的组织方式。

小兔： 那现在的测试是不是已经发展得越来越有规模、越来越规范了？

段念： 从我自己的角度来看，我经历的国内的测试发展，不严格地归纳来说，它有几个典型的阶段：首先是1998年到2000年，测试在公司里基本上是比较低级的测试员的工作。我经常开玩笑，测试员是什么，测试员就是除了端茶倒水，什么事情都得干的人。测试员也不需要太多的技能，所以从这点来说，它是一个不需要很多技能的工作。

从2000年之后，你会看到越来越多的公司在测试上有了更多的投入。这种投入包括大家认识到系统性的测试解决方案，对公司的质量保证是有一定作用的，那个时候越来越多的组织也有了自己的测试部门，开始有了一些勉强叫作工程师的角色，在部门中间，通过一些系统化的方式来解决问题，所以那段时间ISO9000也好，CMMI也好，有不少组织在尝试用各种方法提升团队，或者质量保证的水准，这种方式往下也顺应软件工程的发展潮流。

往下最低点大概在2006、2007年左右，大家发现这种方式也存在一些问题，这些问题体现在两方面，一个是传统的测试流程很重，使得测试和开发之间的隔阂非常强，这种隔阂一方面是好事，所谓好事就是测试工程师不太可能被开发工程师所影响，你可以按照自己认为好的方式做事情，但是坏处在于你始终无法解决测试和开发之间的一个信息的沟通和协作问题。在这种流程下，开发和测试的沟通主要是依靠文档和流程来保证的，举个例子来说，开发时间是半年，测试时间3个月，如果用9个月的时间开发一个产品，那你有足够的时间和精力可以保证流程；但是如果你的开发时间只有1个月，测试时间只有一个星期，还要通过一个严格意义上的流程来保证，那就很难做到在那么短的时间里高效地完成测试。所以我个人感觉，2006年之后就有越来越多的组织面临这样的问题。大背景是2006年之后互联网企业越来越多，互联网行业在国内发展得也越来越迅速，这样一来传统的测试方式就几乎跟不上互联网快速变化的节奏，而互联网快速变化的节奏从2006、2009、2010年之后会看到越来越快，这种快不仅仅是指产品本身的迭代快，还包括业务迭代上的快，快不是说给你个功能，你快速地开发出来，更多地变成是我要快速地通过某种方式验证我做的新业务在互联网的模式下是成立的。这样一来对质量的要求就发生了一些变化，快就变成了一个决定性的因素了，和原来的假设用户不希望看见有bug相比，那么快变成了一个更重要的假设，举个例子来说，假如说有一个互联网产品，它有一个bug，大家都知道bug是产品创建的时候引入的，一旦被引入，除非被解决或者产品生命结束，bug一直都在里面，那产品发布的时候bug已经在里面了，对于一个传统的产品来讲，由于产品是要安装到每个用户的机器上的，一旦有个静态存在的bug，除非用户通过主动更新来fix bug，否则这个bug就一直在，但是对于互联网产品来讲就很不一样，他绝大多数的逻辑和呈现都是在服务端的，这就是说，即使产品有一个bug，开发者或者工具本身能够更早地发现这个bug，那你就可以在大多数用户毫无感知的情况下移除这个bug，也就是说这种互联网形态，使得产品发布的时候存在bug变得不那么严重了。这样你就不需要保证产品发布的时候一定不能有bug，你只需要保证发布的时候没有严重的阻碍用户使用的bug，另外你还要具备一个能力，就是你能够比其他绝大多数用户更早地发现bug，如果在这个层面你能实现你的能力，那么你就不需要要求一个zero bug的产品发布了。这时候的问题就不是说发布的时候要把所有的bug找到，而是我怎么在中间做到一个最好的平衡，同时最重要的是保证速度。这样一来快变成一个压倒性的要求，因为互联网公司嘛，眼球经济，意味着如果别人比你快，你就挂掉了，你比别人快，你就有可能活下来，就这么简单。这样的话，"快"在测试这个层面体现得尤其明显，因为对开发的团队来说，要达到快是相对容易的；而对于测试团队来说，有一个非常强烈的流程限制，你要做到快是一件很难的事情，所以测试就成了整个开发过程中变快的一个障碍，因为测试团队需要花很多的时间去测试，这就是很多组织见到的一个常态。测试能不能快起来？加人啊，加人就能解决问题。

小兔： 有什么办法提高测试技能之类的？

段念： 对啊，这就是第二条路了。假设我们的问题是：怎么样让测试快起来？第一条路就是加人，但是大家发现加人不能解决问题，加人增加了沟通成本，足够抵消你在加人这件事情上的效率提升。那大家就想到第二条路了，有什么技术或者技能能让我们的测试变快点，所以自动化测试就被人当作这样的灵丹妙药，但是如果你真正做过自动化测试，就会发现自动化测试根本起不到这样的作用，自动化测试没有办法变快，原因是自动化测试的成本投入同样很高，尤其是自动化测试由测试团队来主导的时候投入相当地高。我们要换一个角度来考虑问题，测试这样一件事情到底怎么让它变快？在我看来只有一个办法，就是把测试这件事情不再变成测试团队的事情，而是把测试这件事情变成是这个公司中所有人的事情它才有可能变快，也是典型的互联网思维方式。我举例来说，如果考察我们整个测试的工作时间，会发现绝大多数的时间是消耗在测试团队的系统测试阶段，为什么测试团队系统测试需要消耗足够多的时间呢，那是因为每测试一个版本就发现一堆的bug，又得打回去给开发工程师改，改完接着测，测完又是一堆的bug。但是，如果开发工程师提供给我们的版本有尽可能少的bug，那问题不就解决了吗？

怎么让开发工程师提供的版本尽可能少出现bug，传统的工作就是我们要做单元测试，我们要做集成测试，测试团队试图把自己覆盖率做上去，我也看到有些测试团队尝试自己去做单元测试，去做接口测试。但是这个事情不 work的原因在哪里，像单元测试和开发这一侧的测试本应该由开发来做的，你希望测试团队来主导这些事情是不可行的。最好的方式就是将这些测试放在不同的层面来做，你不能假设它们都是由测试团队来做，而且低层的测试比高层的测试更关键。比如说一个产品有足够好的单元测试和接口测试，你会发现在系统层面上来讲很少有问题，你只需要很小的投入就能解决问题。当然有人会说是不是系统测试的成本就转移到单元测试和集成测试环节当中了，这么说是对的，但是如果你真的能考虑到这个异常，你可以很容易地拿到这个数据，这样在单元测试阶段和集成测试阶段投入的精力比你在系统测试阶段投入的精力要小得多。

这是一个原因，另一个重要的原因是系统测试和集成测试是一个policy，我叫作强制。也就是说如果开发工程师不写单元测试就不知道自己的代码有多烂，他写了就知道了。那他知道自己代码有多烂有什么用呢，他知道自己代码有多烂才知道怎么解决代码烂的问题，如果他不解决代码烂的问题，那么这段烂代码会给你后面工作中的系统测试、更新维护等带来极大的麻烦，所以开发工程师做单元测试这个工作还不仅仅是早发现问题，它是说开发工程师做测试迫使他不得不把自己的设计变得更具有可测试性，不得不让他的代码有更好的内建质量，而这样的一个强迫性的手段在产品质量方面有一个足够好的提升。所以我说，任何一个组织，你看它的产品质量会不会很好，你看测试团队就好了，如果测试团队的趋势是越来越大，越来越多人在做事，越来越多人在做手工的活，包括手工UI层的自动化，你就会觉得它的产品质量一定不会好到哪里去。所以开发工程师愿意花精力去做产品质量上面的事情，那他的产品质量才可能变好，我觉得单单靠测试团队这件事情一点机会都没有。

小兔：这一点蛮刷新我的印象的，我觉得作为测试工程师，或者质量工程师，是保证一个软件产品的质量，似乎是找出问题的工作就应该是由测试工程师来完成。那如果开发那边减少了测试的工作量，我们是不是还可以focus到其他的点上，能在更高的层面上保证一个软件产品的质量？

段念：我先说下我的观点，我们的团队经常被叫作QA的团队，如果叫全称的话就是quality assurance ——质量保证的团队，但我的观点是质量不能依靠一个独立于开发的团队来保证。我们所有的人都知道，质量是设计出来的，是开发出来的，不是测试出来的，那你为什么觉得一个独立于开发的团队能保证质量？这是我的第一个问题，那我的第二个问题就是，为什么测试团队只能把目标定在质量上？为什么不能把目标定在其他地方？比如我刚才提到的，在大多数互联网企业，比质量更重要的问题是怎么快起来，那么测试团队为什么不能从快起来找思路。举一个移动应用的开发例子，从工程师的角度来讲有两个角色，一个是移动端的开发，一个是后端的开发，据我观察来讲，他们会因互相等待造成效率上的损失，比如说A是移动端的开发工程师，B是后端的开发工程师，双方找时间接头一次，接下来各自分开来做，A做到项目接近尾声或者需要跟B调试接口的时候，就不得不找B工程师，问你的接口开发好没有，我需要基于你的接口来进行调试，这个时候B可能发现接口还没有准备好，就说：你等我一段时间吧，等我一天或者两天吧——这一两天就这样浪费了；也可能B工程师准备好了，他们调的时候发现了一个问题，那这个问题到底是A的还是B的，到底是发给我的时候不对，还是返给我的时候不对，好吧，那就提bug来判定。这些都是效率的损失，那有没有办法把这个效率变得更高呢，显然是有的。我们可以设计一套框架，这套框架基于一种DSL，一种描述性语言，定义双方的接口，而不是文档性的东西，定义好之后，我可以用脚本语言或者描述性语言，生成一个后端，我可能没有逻辑，只有静态的数据，就是你发给他一个请求，他返回给你一个固定的数据，那这样移动端的工程师就不需要依赖后端的工程师来调试程序，而且这个描述性语言还可以作为后端工程师最终实现成果的测试用例。你看一个技术上的手段就可以把这样一件事情的效率提升，而这样的事情在豆瓣里面就是我们测试团队做的。所以为什么测试团队不能做这个事情，为什么我们要把测试工程师的工作、内容和范围指定在所谓的质量上，我们能不能把它指定在质量和效率上，或者说我们能不能把自己当作EP的部门，当作Enginner productivity，我们的目标不仅仅是质量，还有最关键的工程师的效率，从这个角度来考虑，你会发现测试可以做的事情多得一塌糊涂。

小兔：好的，刚才我们既聊到了测试，也提到了开发。那对于整个软件开发团队，包括开发和测试人员之间的关系，还有测试团队内部如何提高效率和如何处理上下级之间的关系，您有没有什么建议或者看法？比如说，如果上级没有承担应该承担的责任并做好相应的工作时，作为一个测试团队的Team member应该怎么应对？

段念：这个问题可能太大了，从我的角度来讲，一个Team leader没有尽到职责有很多种情况，对不同的情况你可能有很多种应对的策略，所以不见得会有一个统一的答案，能把你的问题细化一下吗？比如说这个Team leader做了什么事情没有尽到他的职责。

小兔：如果说一个Team leader拿到一些工作之后，不分什么工作量的，都说可以，然后丢到下面去，然后造成组内人员超负荷运转，再对外面说我们什么都搞得定。

段念：了解了，就是说他做外面大包大揽，然后让团队的所有人加班加点地干活。那就跟Team leader谈谈，说你这种工作方式对我们不公平，然后我们也不喜欢你这样的工作方式，如果他没有意识到自己的问题，直接炒他鱿鱼，不要跟他干就好了。

在我看来，这件事情是这样的，工作中间会碰到好的leader，也会碰到不好的leader，那么好的leader会对你有很大的帮助，无论是他做事的方式还是他帮助你成长的方式，都能够让你在几年的工作生涯中受益匪浅。如果遇见不好的leader，你跟他干活纯粹是在浪费时间，所以为什么要在不好的 leader身上浪费自己的时间呢。而且在当前这个环境里跳槽的成本很高吗？貌似也不是很高。所以你不一定要想办法在当下的环境中待下去，除非你认为你的能力在当下的环境中被高估了，觉得出去不可能找到比现在更好的地方了，那就继续忍下去；如果说你有的选择，你可以选择更好的，你对谁都没有义务帮他去做一件事情，所以选一个自己认为对自己有帮助的环境中成长。

小兔：那段大哥，你做测试还有在互联网这一行中很久了，在你的工作经历中，对自己来说比较有价值或者比较特别的经历能跟我们分享一下吗？

段念：要说故事肯定有很多的，故事讲起来很过瘾，但是你不一定能从故事中理解我要讲什么，我还是说得直白一点吧。我前面也说过，我看见这个行业有很多的进步和发展，我也看见这个行业有很多的问题，其中一个让我感觉最不好的问题是什么呢？就是说，这个行业里面的从业人员，很多测试工程师并没有把自己当成是一个工程师。那其实，什么是工程师，工程师是干什么的，我觉得工程师的定义可以很简单，工程师就是用自己的技术解决问题的人，你的工作就是用你自己的技术和你的能力来解决问题，解决问题这件事情比什么都重要。但是很多人都会纠结于许多细节上，这件事情应该怎么做，我可以理解为你技能提升的一种方式，但你一定要知道，你的技能是用来解决问题的，你的技能不是用来做日复一日重复做一些毫无意义的事情。所以所有的测试工程师都应该去考虑这一点，我的工作到底是要解决什么问题，我到底应该用我的能力去解决哪些重要的问题。我必须坦白说，相比开发工程师，很多测试工程师并不是合格的工程师，很多我见到的人根本不考虑问题是什么，只考虑我应该在测试的方向上怎么能够走得更好。我相信每个人都希望自己发展得更好，那么你可以想想，如果你是一个老板，会希望在你的团队中看到什么样的人？这个答案不言而喻——就是能解决问题的人。所以从这一点来讲，你不去谈论解决问题，而是一天到晚去谈一些虚头巴脑的东西，什么测试的管理啊，测试的团队啊，最后没什么用，就算给你一个团队，一个人很多的团队，你又能干什么，你连问题都搞不清楚。

这些是第一个我想表达的观点，第二个是说我们的测试工程师经常习惯性地把自己的范围定得太窄。你要知道测试工程师应该有危机感，为什么要有危机感，你觉得再过 5 年，测试行业的环境还是一样的吗？我看到开发工程师可以在很短的时间里进入到测试领域，把一个测试的细节问题解决得很好，但是反观一下，你觉得我们测试需要多长时间可以进入到开发的领域，把一个开发的问题解决好？我也不知道答案是什么。我想表达的意思是测试也应该去看看这个世界是如何变化的，这种新技术的变化，这种新的开发方式的变化和这种产品的模式和方式的变化会对将来的测试造成多大程度的影响。如果真的思考这个问题，你会发现这个世界没有你想象的那么容易，你想做一个优秀的测试工程师的愿景是好的，但是什么是好的测试工程师？这个定义在未来的两年三年里一定会发生变化，所以不要给自己树立一个不对的目标，然后朝这个方向去前进。我看到这个行业里有一些人——我不愿意去猜测他们是出于利益的目的，更愿意相信他们的认知就是在这个层面上——他们会去说，作为一个测试工程师，你最重要的是去培养测试的sense，去培养手工测试发现问题的能力，即使作为一个手工测试工程师你的将来也一样会很光明，我宁愿相信他们不是出于自己的私利来说这件事情，但是我对他们的说法非常怀疑的。你觉得这个世界上会不会有手工测试的人？答案是肯定的，一定会有的。你觉得把手工测试做到极致，能不能变为一个很有效的技能？我的答案也很肯定，可以。问题是，这个市场会有多大？这个世界上会需要多少这样的人？这个事情你很容易就能理解我想表达什么样的意思，所以从这一点上来说，作为测试工程师，你需要给自己树立一个比所谓的测试技术更高的目标，这个目标就是解决问题。希望所有的测试工程师都能理解自己工作的价值。其实测试工程师的工作是很容易被质疑的，我发现一个问题，这个问题他们没法回答，我自己也没法回答。你每天在公司工作，发现很多bug，那你觉得自己工作的价值对于整个产品在哪里？我觉得没有一个测试工程师能够给出回答，我如果问开发工程师，他能给我一个准确的回答；如果我问产品经理，他也能给我一个回答；他们知道自己的工作在哪里有作用，在哪里有局限。可是我们的测试工程师你为什么不去看看外面的世界是什么样子，就是一门心思地埋在自己的世界里面，要么就是在社区上怨天尤人，哭天喊地觉得自己工资不够高。你先想想看你解决得了什么问题，再来抱怨。我觉得这个世界本质上还是很公平的，你付出多少，你的工作对其他人有多少帮助你就能拿到多少回报，就这么简单。

小兔： 有种醍醐灌顶的感觉啊。段大哥可不可以给大家介绍下你那本《模糊测试》，或者给我们推荐一些你觉得意义非凡的书籍，大家应该很想听下你的想法。

段念： 你如果想知道我读过哪些书，或者我对哪些书有兴趣的话还蛮容易的。我用豆瓣读书挺多的，在那上面可以看到。我的豆瓣ID就叫 Dennis，我猜我是粉丝最多的那个Dennis，应该比较容易找到我。你找到我之后可以看到我的书目，几乎每一本读过的书我都会做标记和评论，如果没有评论那就是实在没有什么好评的，如果你有兴趣也可以flow下，跟着我来读。

说到《模糊测试》这本书，其实蛮有意思的。我在安全领域做得并不算多，当时翻译《模糊测试》这本书也是抱着希望对这个领域有更多了解的心态，话说这个应该是每个工程师都要有的心态。作为工程师，你不应该能够容忍在你的世界有太多你不懂的东西，如果你发现有不懂的东西就应该尝试把它弄明白，你可能不需要成为专家，但是至少要在逻辑上把它弄明白，我觉得这样你才有可能成为一个优秀的工程师。翻译《模糊测试》这本书，很大的程度上就是出于这样的考虑，安全领域我做得并不多，但是我很想知道它到底是什么，所以当时翻译这本书并不轻松，因为模糊测试的面还是蛮广的。从操作系统层面来讲包括Windows系统和底层的细节，然后Linux系统，然后数据库，还包括Web应用，TCP/IP协议这些等等，所以对底层的东西要有一个比较宽的知识，还有对编程也要有了解，你才有可能在这么广的面上去做这件事情。翻译这本书对我来说还蛮具挑战性的，也蛮有意思的。翻译完成之后我对这个领域的认识确实了解的深入不少，翻译的过程中我有一个感觉，作为一个工程师来说，你要有足够宽的知识面。

小兔刚才问到推荐书的事情，我不想揣测你的动机，有很多人希望我推荐书的目的挺有意思的，他们是想知道哪本书可以让他们自己的价值最快地得到提升。但是我需要说的是，没有这样的书，相信我，世界上真的没有这样的书。所有的书所表达的都是最终能让你构成系统化的思考的一部分，那这一部分的思考将来有一天可以让你去思考一个你没有接触过的问题。一本最好的书也不过是在你面前打开一扇门而已，推开这扇门，需要你自己去探索外面的世界是什么样子的。所以从这两点上来说，我可以给大家推荐书，但是你在不同的阶段读同一本书的感受是不一样的。另一方面，我觉得你永远不要认为这个世界上有没用的东西，知识这件事情，书到用时方恨少都是大家常说的，但是很多人并不真正理解这句话；在我的理解里面，并不是说这本书我没有读过，读了就能解决我的问题，根本不是这样的，实际上读书的过程是不断构建你的思考和思维方式的过程，最重要的不是读书本身，而是通过书本或者书中描述的不同的思考方式或者不同的角度，让你在头脑中构建一种足够好的思维方式。那么在这种方式下，你读书不要太功利，不要认为读一本书就是为了获得一个技能，或者是提高工资的手段。但我也能理解，有的人一年连5本书都读不完，对于他来说读书是很大的投入，所以他觉得应该有很大的回报。但是我告诉你，如果一年连5本书都读不完，你这辈子就不要想从书中获得有价值的东西了。我给自己定了一个这样的目标，每年最低是40本，这已经不算高了，我认识的好多人都比我多。

小兔：主要是关于技术的还是有其他方面的书？

段念：不一定，我读书很杂，什么都会有，当然读书的时间是很宝贵的，相对于价格而言，读书的时间比书的价格要宝贵得多，所以你要挑真正值得读的书去读。Oscar说读书要有计划，其实不一定，我本身就不是爱做计划的人，不用给自己太大的压力。我给自己定40本是因为这件事情对我来讲构不成压力，从我的阅读速度和已有的思维框架来讲，现在没有一本书我需要从头到尾一个一个字地去看它是什么意思，大部分的书我可以在很短的时间内把它翻完，因为它里面的大部分知识和我的知识体系是match的，我只需要关心和我不match的部分就可以了，所以你把读书当成一个习惯就好了，不要当成一个任务。

小兔： 我觉得现在的人节奏越来越快，越来越浮躁，越来越少有人静下心来读书了，如果能养成一个习惯也就不会那么痛苦了。

段念： 关于读书还有一点我要提醒的是很多人听说哪本书好，就拼命地去网上找本电子书，然后下载到设备中，或者放到硬盘里面。我平时也挺喜欢电子书的，很多时候我会同时购买纸质书和电子书——注意我说的是购买，不是下载。对于我来说，花在书上的时间比你获得这本书的成本要高得多，你花一个小时去下载，不如花5分钟去网上下单，把书买到手，如果你真的愿意读它的话，把这本书买到然后就来读它。不要下载了电子书放在硬盘中给自己虚假的满足感，心想你看我有这么多电子书。你有这么多有什么用，它们一点都不会提升你的价值。你想提升自己的价值，就要去读，真正地花时间和精力在上面。你可以把书当成你想要追求的对象，你把想追求的对象放在心里面想也没有用啊，有用的是你真的在它上面花时间。

而且每个人有不同的读书习惯，比如我有些朋友，他们喜欢一本书从头读到尾，然后读第二本。我属于并行的方式，比如说我读一本书到一半的时候，可能会换另一本书来读，过会儿我可能又换一本，我可能同时在读的有五六本甚至更多。但是这些都不要紧，只是个人习惯问题，你觉得怎么舒服就怎么读。重要的是真的去读书，而且要把这件事情当成提高自己的一种方式。我也见过有些人希望通过访谈来提升，他们觉得读书太辛苦，一个月两个月才能读完一本，而且读完不一定能理解，太累了，我听人说话多轻松啊，别人帮我都总结出来是什么了。但是你要知道读书是一个非常私人化、体验化的事情，就是你在整个过程中不动脑子的话是不会获得好处的。

那我今天就做这么多的分享，我把想表达的都说出来了，但是我不认为每个人都能理解我的意思，因为你没有我的经历，你也没法站在我的角度看问题。可能你会觉得我说得很有道理，或者我说的和你想的不大一样，或者两天之后你可能完全不记得我说过什么，也可能不记得那些事情给过你什么样的触动，但是这些都没有关系，我觉得很重要的是你要去追求你的学习式的个人体验，别人不可能给你代劳的。如果到现在你还依赖一个老师来教你做事情，那我可以负责任地说，be your die，就这样子。

小兔：非常感谢Dennis，相信听完这次访谈以后，有很多人会跟我一样感慨颇多，然后回去好好思考一下自己的人生，对未来的规划之类。Dennis来帮我们做个结束语吧。

段念：我也算是测试行业的老兵了，有些人也把我当成是一个参考的对象，当然大家觉得对自己有帮助我肯定没有什么问题。另一方面我必须要说的是，你不要只看到在我的成长经历中你能看得到的东西，我相信有好多你是看不到的，而这些看不到的才是我今天能跟大家分享我的想法和看法的原因。你能看到的是我从一个公司到另一个公司，我做过什么研究，实际上这些东西都不是我的人生经历中的全部。如果你愿意的话可以把我当成参考的对象，但是我觉得每个人都会有自己的个人体验，这点没有任何人可以替你代劳的，你只有通过自己的勤奋努力才有可能达到你想要的程度，我一直在说这个世界是公平的，至少大家从事的这个行业——IT行业是最公平的行业，他不需要拼爹，也不需要你长得足够帅，在这个行业里面你只需要能够产生价值，然后就会有很多的人愿意给你提供各种各样的机会，在我看来这个已经足够公平了。那么你还在抱怨什么？你抱怨你的工作不如开发，那你去做开发好了；如果你抱怨工资不如老板，多简单，那去创业好了；如果你真的觉得自己有能力创业，你找我好了，你若真的可以把我说服我，我可以帮你找VC都没有问题。所以我完全不觉得这个世界不公平，我觉得这个世界太公平了，公平得简直可以用残酷来形容，因为对所有的人都实行同一个规则，不会因为你漂亮，或者不幸的经历来额外宽待你，你想要得到的东西必须通过努力去争取，没有其他的办法。

小兔：那我们这次访谈到这里就结束了，再次感谢Dennis能来参加，谢谢。

Monkey 在走线下的移动测试会。

移动APP性能测试

—— Monkey陈晔晔

3. 测试人物专访之跳槽狂人——恒温

主持人：小兔，Monkey

嘉宾：恒温

如果你已经工作了7年，你觉得自己会经历多少家公司？本期嘉宾是一位有7年工作经验的测试从业者，曾经的跳槽狂人：去过AMD、Google等5家公司；据说是艰难地拿到了大学毕业证，毕业后也曾一度找不到工作。他听起来不安分没毅力？不，他跟其他联合创始人一起建立了TesterHome并且一直用心维护，如果没有TesterHome可能也不会有这本《测试小道消息》。读完这篇，我们会对本期嘉宾，对TesterHome都会有更进一步的了解；而且当我们不安现状想逃离的时候，想想嘉宾的故事，也许会有更好的答案。

小兔： 大家好，我是小兔，我在上海，终于又和大家见面啦。

Monkey： 没有见面！

小兔： 这叫听声如面。好，有请下一位主持人。

Monkey： 我是Monkey陈晔晔，我在上海，我没有在杭州，刚刚加完班回来。今天我拿到了样书，抽奖也都抽完了，所以请没有抽到奖的同学自己到网上购买（《大话移动APP测试》）。这期节目的嘉宾是恒温，恒温来介绍下自己。

恒温： 大家好，我是恒温。我现在在杭州，我手头上的项目刚刚结束。大家应该在微信上都看到了——天猫魔盒的发布会。我们刘总宣布，阿里为大家打造了一条数字娱乐的生态线，我觉得这个想法是非常不错的，天猫魔盒也是非常不错的。同时由于"光腚"总局最近不知道在搞什么新政策，所以至于何时能够和大家真正地见面，估计要等我们这边的消息了。今天我能这么早下班也是因为这个项目发布了，可以轻松一点。但是这并不代表着我能回上海，我依然会在杭州，因为新项目已经来了。

小兔： 你的自我介绍就这样结束了，不说一说生平之类的？因为有些听众可能对你不了解。

恒温： 生平的话，我三十，生活幸福，有两个小孩，工作辛苦。讲不出什么了，我比较适合你问一句我答一句。

Monkey： 我觉得恒温应该先说一下现在工作的情况，或者，我看你最近吐槽TesterHome比较多。你觉得最近有什么槽你想吐的随便吐。

恒温： 大家都知道我们TesterHome从之前500人的群扩大到现在的2000人群，然后最近加群加社区的也都比较多。我们希望新加入的同学都是有基本的test sense和节操，也不止一次地声明过，在TesterHome里面发帖话的请遵守TesterHome的一些规则。比如使用markdown，如果是代码一定要贴代码，如果是截图就贴截图，不能标题党啊。有人在社区里提问题，非常不标准，你在你自己的bug系统中也不会提出这样的bug，估计开发看也看不懂。这些是一个方面，另外之前在TesterHome的群里和大家起了争执，关于盗版软件的问题。声明一下，TesterHome不鼓励盗版，但是作为学习使用的话，也不是非常地反对，应该说反对得不是很激烈。测试其实是软件生产的一个环节，那跳出来看都是做软件或者做互联网做产品的，一定都不希望自己的产品被破解或者盗版，所以有能力的话还是使用正版吧，尽可能地使用开源、免费的软件来帮助自己的工作，如果真要使用收费的，你可以使用试用版的，我们不一定要破解它。另外关于LoadRunner的问题，那天我的反应的确是有点过激，但是我不能接受的是当我提出这个问题的时候，有很多人跳出来说：为什么不可以？有什么不对的？甚至有的人说你们使用正版的人是土豪。我觉得这是个底线的问题，并不是说土豪不土豪，我当年很穷的时候我还是会去买一些正版的游戏玩。既然大家加入了IT，加入了这个软件行业，我觉得就一定要遵守这个道德节操吧。本来国内的知识产权就已经很薄弱了，如果自己行业的人都不遵守这个道德的话，那我们这个行业真的没救了。

我说了好久了啊，不要让我一个人再说下去。

小兔： 今天就是要听你说啊，你是嘉宾，咱们节目的形式你懂的。

恒温： 总归有话题给我的吧。

Monkey： 你自己说得很好啊。话题这个，你可以像小A或者思寒那样自燃啊，马上就燃起来了。或者分享一下你在工作或生活中一些大的转折点。

小兔： 我想到一个问题，恒温有没有做过开发？

Monkey： 肯定做过的，你问他。

恒温： 对，我最早是做开发的。在2007年毕业之后，我找不到工作，去那个什么达内培训了一下。（所有听众一片哗然）我那个时候真的是找不到工作，而且是好不容易才拿到毕业证。我大学过得比较凄惨，大一的时候挂了一课，然后就破罐子破摔一直挂到大四。所以我大四的时候老师跑过来跟我说：你就不要做毕设了，先把挂的课给补上去，我们延一年看看能不能毕业。我记得那个时候找了一帮大四大五大六大七的人一起开会，每个人手里都拿着手机低着头看小说。然后学院的老师非常苦口婆心地跟我们说：别看手机了，再不努力读书，一个个都毕不了业，连证书都拿不到了。然后大四的时候，人家去找女朋友去找工作，我就开始认真读书。我是在浙大读书，那个时候搬到了玉泉校区，然后每天早上要跑到紫金港上课，反正大四这一年过得非常艰苦，其实也没有学到什么东西，都是应试教育，就是背题应付考试，把挂的课全部补上。所以那个时候大家去找校长拍毕业照的时候，我还在玉泉的教室复习大学物理。等大家都可以拿到毕业证书的时候，我还不可以拿，因为那个时候拿毕业证书需要签三方协议的。然后我就在那里和他吵了一架，我说你这种违法的行为是不对的，后来他就把这个毕业证书给我了，然后我拿着毕业证书叫了一辆残疾车绕着西湖逛了一圈就回上海了。

回来之后就一直找不到工作，到处投简历，人家都不要我，连做网管都没人要。没办法我妈就让我去参加一个培训班，培训了三个月之后就找了一家美资的公司开始了苦逼的Java程序员的生活。我这么多年经历的公司都是以小型创业公司为主，基本是做一家倒一家，破产的居多。包括后来外包去Google，一开始就是李开复离开Google，后来又一下子退出了中国，Google办公室被打砸，被中国政府封杀。我差不多在Google待了两年就去了AMD，然后在AMD待了两个月，AMD大裁员，不过我是在裁员的前一个礼拜离开的。接着去了一家英语学习软件的公司，这家公司性价比非常地高。举个例子，我之前的同事——现在是Monkey同事，在某大型金融互联网公司做Android/ios开发——他在那家公司的时候就是每天早上过去开个早会，然后就坐在位子上睡觉，睡到晚上，基本一天就没事了。我们那个时候算了一下，他时薪是最高的。这个大家都无所事事，没事干的公司两年就倒闭了。那个时候正巧是因为我老婆怀孕住院，离开那家公司之后的几个月，我就在医院里陪她。等我小孩出生之后，我就开始找工作，去了西安点易。点易的工作内容实际上是非常好的，从任职到离开之后，我都没有贬低过这家公司。我觉得点易的工作内容，包括它的大数据，广告平台，还有一些基础架构的东西都非常好。只是没有办法接受它的一些企业文化，比如说上班打卡之类的，最不能接受的是我们去开年会的时候安排我和另外一个男生睡了同一张床。

Monkey：你就是在这个时候对于两个男人睡一张床有阴影的吗？

恒温：对，我就是从那之后再也不能接受和别的男的睡一张床。

小兔：我很好奇那个人对你做了什么。

恒温：倒没有做什么，本来那个时候我就很反感这个公司的一些制度，又遇到这个事情，正好Monkey跟我说，阿里巴巴当时有个职位空缺，所以我就出来了。感觉算是从一个坑跳到另外一个坑。到今天差不多来阿里已经有四个月了，已经默认让我自动转正，也没有像外界传闻的有答辩这种审核的东西，我们这边都默认答辩。我们一开始都开玩笑说，如果你不答辩就永远是实习生，我们有个同学一年半都没有答辩，所以我们就说他做了一年半的实习生。

说到工作内容，就是负责机顶盒的测试。我的角色就相当于TPM，好像TPM这个概念是最近才流行起来的，叫测试项目经理。主要负责对接外包，对接开发，主要是一些跑腿的事，其他关于技术上的事做得也不多。就是忙，在阿里就瞎忙了这四五个月，一直在杭州出差。其实说起来我还算好的，我们有一些硬件的同学，进了阿里就再也没在阿里出现过，除了第一天报到。这个也不是绝对的，要看部门和职位。比如有些职位就是非常忙，他必须到处跑，就像大禹加班治水，三顾家门而不入。我目前所在的项目也是以加班为常态，在上海的时间也不多，基本上只有双休日回一下上海，所以双休日就陪家人。平时的生活就是处理事情，出差在杭州就没办法处理家里的事情。今天我们魔盒发布会上说我们发布这款盒子的意义就是重新定义家庭，让一家人可以在某个时间集合在一起享受家庭时光。当时我就想对这个老总说，少让我们出点差，少让我们加些班，就可以重新定义家庭了。我看了一下统计报告，中国人的空闲时间占一天中的百分之十几，3个小时左右，像国外的话，陪家庭陪孩子的时间非常多，那是因为中国人太爱工作了吗？我觉得，有可能是因为中国人太爱工作了，纵容了企业，就觉得你加班没关系啊，你出差没关系啊，反正各种你都没有关系，因为你愿意忍着。所以说，我们做这个盒子是为了家庭，但自己却没有家庭，有的时候想想也觉得挺可悲的。

小兔： 你换过这么多次工作，有没有哪一次对你来说是key point，或者说是转折点呢？

恒温： 我觉得其实每一次都是一个比较重要的转折点。比如第一家公司，让我建立了信心，因为我刚出大学的时候，觉得自己一无是处，是一个败类，是一个渣子，不学无术，我什么东西都不懂。一开始我也不擅长或者喜欢技术研究，但是在第一家公司的时候，有一次我修了一个bug，这个bug我追了很久，差不多有三四天，还是找不到原因，然后我就决定放弃了。但是我的主管跟我说，不能放弃，我在第五天的时候终于找到了解决方法，跟踪到非常非常后台的数据，甚至跟踪到了美国那边的代码——因为我们是美资嘛。由于不能从美国那边的代码改，我就在这边加了一个filter，把这个数据再过滤一遍。我们那时候做的东西类似于代码扫描器，因为有百分七八十的错误就是由于复制粘贴代码造成的，要找出这些错误，上海团队这边做的就是把这些结果给呈现出来。这个bug其实是一个比较弱智的UI bug，就是数据传过来的时候有问题。这个问题解决以后，我的信心爆棚，之前一天一个，从此之后我解bug是一天三个。这家公司一开始发展得蛮好的，到现在也发展得很好，一些世界500强的公司都是它的客户，但是2008年因为金融危机活生生把我们砍掉了。当时我们其实很天真，砍掉我们是要赔偿的，可我们都没有要赔偿。老板打的亲情牌，说我们都是兄弟，都是哥们儿，一起创业的，何苦为了钱伤感情。而且我们跟着他干了三四个月，一个月只拿五六百块钱的工资，就想着做成点事情，但是后来老板撑不住了，我们自己也撑不住了。你想想看，每个月五六百，蛮难过日子的。

后来我接着找工作，找了大概差不多一两个礼拜，都有点放弃了。我一个同学有比较强大的背景，我拜托他说，如果一个礼拜后我还没找到工作，你就把我的简历给一些能帮助我的人。接下来的两个礼拜我又面了两家公司，一家是花旗，一家是博彦外包到Google。后来两家都中了，去花期是做开发，去Google是做测试。本来我跟两家公司都要了5k，后来又跟两家公司都加到6k，博彦答应了，但是花旗没声音，虽然本来不想做测试的，我还是去了Google。主要也是因为Google蛮有吸引力的，我们面试的地点就是在Google的办公室，那个环境真的是非常好，包括他的饮料都是免费的，这个很吸引人——对于一个拿500块工资的人来说，我都不太能喝得起乌龙茶。入职后，先去博彦那边培训一段时间，从一号线最北边坐到最南边，就是一号线终点站，然后坐5号线，到哪一站我已经记不清楚，快到终点的时候下来换一个公交到紫竹科技园那边的博彦大厦。

Monkey： 这个我很熟悉啊。

嘉宾恒温： 你去过吗？

Monkey： 我之前两年的工作就是按照你这个路线走的。

嘉宾恒温： 这个非常苦啊，我那个时候早上穿得很干净，胡子刮得很干净，然后晚上的时候胡子就已经长满了，衣服也脏兮兮的。在博彦那边待了一个礼拜后我实在受不了，强烈要求去on site，后来就去Google上班了。在Google工作的两年，让我确定了走测试这条路，而不是回去做开发。因为在Google让你感觉到做测试是有价值的、是有尊严的。Google对我们真的很好，不像其他公司，比如微软，对外包真的非常差。如果你在微软发错邮件或者做错事，他会直接骂你，但是Google把我们当成自己的朋友，当成自己的伙伴，当然也不排除有些戴有色眼镜的人。我们当时是在太平洋旁边，外包员工基本上都是来自于博彦和海辉的，我就在那时候认识了国文，还有其他几个小伙伴，其中有两个已经移民澳大利亚，还有一个从加拿大移民回来的。Google那边的环境真的是非常棒，面试题也有点难度，我也不是面得最好的。外包公司派人去面试的话是有策略的，他会找几个比较强的人去面试，拿到这个offer之后，外包公司就会换人，因为合同已经签了，他就会换比较弱的人去工作。我记得那个时候一起去面试的有一个比较强的姑娘，她就没有来，后来换成超级弱的修文。

小兔： 其实就是你好基友嘛。

恒温： 对，小兔应该认识。你认识修文吗？你去的时候他应该还在。

小兔： 我认识，但是没有见过。

恒温： 修文也移民去了澳大利亚。其实我们那个office蛮厉害的，有两个去了澳大利亚，一个是加拿大回来的。就我和国文最土了，一直在国内。当时修文叫我一起移民澳大利亚，如果当时答应了，估计我也能成，那个时候的政策会比现在好一点。在Google的工作内容是广告平台，是一个非常非常棒的理念。我现在说的怎么感觉像在面试，给大家介绍我的工作经验。现在国文手头的工作，其实就是我们之前那个项目延伸出来的，把其中一小部分拿出来做的。我记得当时做的是个标杆项目，项目里的开发都因为这个得到了晋升，这个项目帮了大家很多。我在Google这个项目里也实现了薪资的转变，一开始进去的时候是6k，等修文进来之后——他傻傻的，每次都会跟我们沟通一些比较私密的事情——我得知他的工资比我高很多，我觉得他做的事情又很差，居然还能比我高，非常不服气。我就开始去外面找机会，另外一方面就跟博彦那边谈，我说我要8k，然后博彦不同意，我就说我要9k，如果不给的话，我就走。他本来还想拒绝，我就继续跟他说我要1w，他后来就答应给我1w，说等你再工作一年就给你加到1w，我还是没有等到那时候。我大概在这个项目做了2个release，我刚去的时候是6.5版本，大概做到7.0之后，我就去了AMD。

去AMD其实是比较传奇的一件事情，在这里我认识到了面试和你的工作是完全不一样的。比如说我去AMD面试的时候，他带我去了一个非常好的办公室，大家聊天也不谈工作环境。等正式工作以后，才发现，对我来说是一个比较阴暗的工作环境。入职一个半月的时候我就大病了一场，于是决定离开AMD。那个时候AMD好像换了一个新的大中华区总裁，给大家做了一个类似年会的讲座，我觉得这个领导的官僚主义太强，给人假大空的感觉，给我的印象也不太好，就选择了离开。

我算了下，我这么多年经历了五六家公司，每次离开的话，即便那个公司再怎么糟糕，我都会觉得非常难过。一个是对不起我的hire manager，还有一个就是你好不容易建立的小伙伴慢慢就会疏远。我们在工作中建立的关系，你只要一离开公司马上就会淡掉。一个是真的没有时间再回头跟他们联络感情，另外一个是可能人家真的也很忙。当然修文是一个例外，他到现在还是会问我技术问题，包括聊感情、私人生活这样子的，修文是个很有意思的人，有机会的话可以采访一下他。

离开AMD后我去了一家英文教育软件公司，我在这里实现了从基本的测试到管理者的角色转变——我在里面是测试经理，包括招人、组建团队方面，在这家公司也学。在这家公司工作了两年，让我有了一个转变，之前在Google的时候，感觉大家都非常讲道理，但是在这家公司就发现不少老外很扯皮，他们也是和中国人一样，会保护自己的利益，会拉帮结派，会甩包袱这些。在中国的研发部门就像美国那边的外包部门一样，没有地位，然后也没有话语权，包括财政大权都不是在我们手上，所以即便你是个研发经理，还不如美国那边一个小财务。虽然这家公司的中国区老板觉得非常不如意，但是我们下面的人过得非常地好。公司很小，事情不多，做一个项目差不多做了一年半的样子。后来又有了一个新项目，也是做做停停，工资也不错。进这家公司也是蛮有意思的，一开始工资不太高，在2011年的时候，我不知道为什么IT界的工资突飞猛进，外面的工资都非常高，加上我们走了两个研发主力，老板一打听我们和外面差了很大一截，然后就跟美国申请，说我们赶不上中国GDP了，给大家集体调了次薪。包括后面的裁员，这家公司也做得非常地到位，这些让我感觉，不管国外公司小或者大，都比较遵守《劳动法》，也有一些人性化的管理。

我一直以来都是在外企，没经历过国内的企业，所以受外企文化的影响比较大，让我以为做技术不用管人事，也不用看别人眼色。等我再去了西安点易的时候才发现，国内的企业全然不是这样，你需要去看老板的眼色，需要去奉承。有很多事情不是一定要做，但是为了工作的地位，你一定要做，不得不做一些自己不愿意做的事情，包括来到阿里。在进阿里之前，都说BAT嘛，是非常好的公司，按理说文化、管理都是非常好的。我进来后才发现，其实并没有想象的那么好，这里面有很多取舍。现在如果有同学或者前同事跟我说我想进阿里，想把简历给我，让我帮他推荐，我都会跟他说阿里并没有你想象的那么好，你来了之后可能会后悔，但是如果你真的要来的话，给我简历，我可以让Monkey去推荐。我自己不愿意去做，因为不希望别人在不了解的情况下进来，这样是很盲目的。我那个时候是因为没有选择，我需要一家比较正规的公司来沉淀我的简历。我的简历当时非常糟糕，在每家公司不超过两年，而且我已经工作了差不多七年了，其实工作七年的人一般都会有一份工作超过四年，甚至有一些人是七年在同一家公司。像我这种每份工作只做了一年两年的，很多公司的招聘人员都说像你这种做一家倒一家的，又是裁员又是退出中国的，这种人我们其实也不太敢要的。大家如果真的愿意进来，比如做智能家居，大家看到苹果的HomeKit和Google的AndroidTV的话，应该能设想到智能家居在未来，至少在两年内肯定会发展得非常好。但是由于苹果和Google刚刚推出这个标准，在国内发展起来估计至少也要两年。如果你在这两年里进来的话，市场是很乱；如果你在两年后进入的话，市场可能会比较好，但是也失去了一些机会。我们现在这个项目，应该说痛苦比快乐多，因为大家都不知道这个东西应该怎么做，这个标准该怎么定。任何做这种智能家居的，都是刚起步，当然也没有人能够知道这个到底该怎么做。比如说做一个智能扫地机器人，我可能需要把市面上所有的机器人都拿过来，然后做一下对比，这个工作量就非常大，也非常痛苦，因为你不知道到底要做什么样的东西，为什么别人的会比自己的好，我们要做成怎样才能比别人好。这是一个非常新的领域，在这个领域做测试就是更加痛苦的事情。

我现在的工作差不多就是这些了，在阿里的话目前也只工作了4个月，也讲不出太多的东西给大家。

小兔：听你说完这些，让人感觉生活就是不停地选择，而且会产生跟很多连锁反应。如果你当时没有选择Google，可能不一定有今天的小道消息，也不一定会在这里讲这些。

恒温：我在想我当年如果不选择外派到Google的话，我会去花旗或者进国企。花旗在张江那块，那我肯定不愿意去；那我会通过我同学进入一家国企或一家银行企业，估计会比现在好吧。但是我始终没有用那个关系，因为我用了那个关系，这辈子可能都还不起。

关于TesterHome的话，我在Google的时候，也没有想到这么多。我在AMD做测试的时候就想到，大家在不同的行业做测试工作，是不是可以把这些行业的知识都汇集起来？我们就在Google开了一次分享会，由国文讲的，讲的QTP。讲这个QTP的时候，有一个国外的公司叫UTest——是做众测的——它刚刚兴起，非常火。那个时候我们就想着创业，注册一个公司，当时有一个同事注册了好多关于测试的域名，比如说utest.cn，他姓蔡，我们都叫他蔡蔡。那个时候我们真的想搞这些东西、这种服务，但是由于工作变动，而且大家都比较忙，所以就放下来了。当时还有个Googler，现在在美国，也参与了我们的讨论，他觉得如果这个东西能做出来，一定非常棒。我们那时候是想以Google的title去做，如果能做起来，也应该能在业内产生一点影响。后来大家都陆续离开了Google，蔡蔡是第一个，我后来也离开了。蔡蔡后来从事医疗行业，再也没有时间和我们聊这些东西。

后来我建了一个网站，叫testchina.org。当时正是ruby兴起的时候，我已经在英语学习软件公司，我们公司都是用ruby这个语言的，我就开始学ruby。我在ruby-china里看到一个牛人写了一个社区，我觉得蛮好的，就把它拿过来用了，又正好注册了一些域名，就把这个testchina.org给放上去。我和国文、修文三个人在里面写一些文章，包括我公司里的team member也都在这个社区上写文章。国文在里面写了一篇关于Google流程的文章，被思寒看见了，他就来邀请我们加入他的圈子testcircle，在里面和他交流得很开心。那个时候思寒跟我说，我们做社区其实没有太多的流量，他说你这个testchina.org做不了多久就会挂掉——的确没做多久我就没再维护它，也就挂掉了。那个时候我不太care这个社区挂不挂掉的问题，我只是想做一个小众的分享，一些好友在里面分享知识，包括测评的知识。在思寒进入这个圈子后我发现，小众的分享可能不太够，我们需要向更多的人分享，把我们这些人的工作经验、测试技能还有国外的一些测试技能都分享出来。那个时候其实思寒，sun和mark在做一个testcircle，也是用ruby-china的源码做的，也做了一个社区。但是，一方面大家都有自己的工作，比较忙；另一方面也不太清楚那个时候出现了什么情况，思寒就抛弃了那个项目。等到大概2013年9月份的时候，公司裁员，我也就下岗了，我在医院陪我老婆，没事的时候我就和思寒一起把TesterHome给搭起来了。那时候的目的还是走小众路线，当时移动测试正好兴起，我又刚好知道了appium，就去参加了Monkey的移动测试交流会，算是和他惺惺相惜吧。接着我们就把这个事情给做起来了，开始是对appium做一些引入的工作，那个时候appium还比较简单，我们想做的就是翻译一些文档，于是就去联系Jonathan Lipps，开始做一些翻译的工作。在由Monkey组织的在某大型金融互联网公司的交流会上，我们正式向中国的同学们介绍了appium。这么多年一路走来，我始终坚持一条：不管你去做什么，你都要去学习，不要丢弃技术，不要忘了写代码的技巧——虽然在我们的测试工作中，写代码并不是必备的，但是会为你加分。也在这个过程中认识了很多人，包括思寒、Monkey、国文、修文，都是一些志同道合的人。我们那时候是比较反感学院派那群人，整天在那边扯大旗，吹概念，做一些虚无缥缈的培训这些东西，我并不觉得他们不好，但是他们有一些误导人了。比如说你花钱去培训了一些东西，出来之后进了公司还是个理论派，做不了什么事情。而且在最早的时候我就觉得知识应该是分享的，应该是传递的，如果利用这种东西赚钱的话，是非常不好的。后来我也转变了这个观念，大家的研究，某个人的研究，辛苦的翻译，他是应该得到回报的，这也算是一种知识产权吧。我们不能耍流氓，一定要让人家分享这个东西给你，不能强求。很多东西别人能给你是很好的，他不给你，你也不能怪他。比如有些人他有很多经验，他又不肯分享，大家就会觉得他很不好，我觉得这些都是个人意愿的问题。大家还有什么要问的吗？

小兔： 有人想问生双胞胎的绝招。

恒温： 生小孩，不一定要生双胞胎吧。我是在2012年底时是想要孩子的，我老婆的工作比我的还苦，她是建筑绘图员，比我们计算机更苦。她加班加得比我都多，因为太辛苦，就一直怀不上孩子。一直到2013年元旦的时候，发现怀孕了。那个时候正好在北京，发现的时候我们就很开心，就去滑雪庆祝了，结果第二天那个小孩就……因为滑雪，会摔得很厉害，那个时候我们也不懂，就着床失败了。4月份的时候我回了一趟老家，把爷爷奶奶外公外婆拜了一下，回来的时候就发现我老婆又怀孕了，她就问我，你要男孩还是女孩，我说要双胞胎。结果有一天我还在办公室工作，我老婆打电话给我说，去医院检查了，如你所愿，果然是双胞胎——我当时就惊呆了。

小兔： 所以应该去祭祖？

恒温： 祭祖是一方面。其实当时不太能接受双胞胎的，因为一开始只想要一个。怀孕一段时间，确定是双胞胎之后我老婆又问我，你说是男是女，我说两个男，然后生下来的时候果然是两个男。所以我老婆生孩子这件事很奇特，都被我说中了！生两个男孩其实压力会非常大的，如果能生一个最好了，如果生两个就会特别辛苦，特别是爸爸要非常辛苦。

Monkey： 他这个其实没有秘诀的，就是一下子就中了。

恒温： 如果你想要小孩的话，一定要去锻炼，男的要把烟酒都戒掉，这样会好点，女生的话就不能太累，为了下一代，我们不仅要优生，还要优孕是吧。这是最近一个叫《保卫孙子》的电视剧里面讲的。另外一个就是我和我老婆亲戚中都有双胞胎的，这个可能是有家族遗传的因素吧。

小兔：哦，这样子。大家还有什么要问的吗？

Monkey：我目前没有，后面想到了可以再问。

小兔：好的，大家在讨论区好像也没有问题，就这么放过恒温了 。

Monkey：他们都在想怎么生娃。

恒温：大家都在想怎么生娃，怎么样生双胞胎。

对了，我想说一下，一个是Monkey的书请大家多多支持，毕竟大家都和Monkey这么熟了，不支持肯定是不行的。另外一个事情就是昨天我给Jonathan发了封邮件，询问关于appium文档的事情，他们暂时还没有时间表。我跟他说我们可能会在国内建一个网站来放这些文档，然后自己更新；这是一个方面，另外就是整个TesterHome的成员都来参与，我们来写一个教程，TesterHome这边会给出一个大纲，然后大家来填内容，把这些东西作为一个社区开源的东西分享出去，大家一起来写本书。就像目前最火的swift，他们就是在一天之内做完这个事情，我在想，同样是做技术的，既然开发有这个精神，测试不应该也有吗？当然有些人不认为测试是做技术的，我觉得其实测试和开发是一体的，大家都应该为测试负责，而不是说开发就可以撇开测试，测试就一定要为质量负责到底。从最开始到最后结束，我们所有的人都要为质量负责。

小兔：好，那我们这期节目也差不多该结束啦。

Monkey：好，结束语。

嘉宾恒温：这个谁说啊？

小兔：这个一般是嘉宾帮我们做总结。

Monkey：对对对。

恒温：嘉宾不是我吧？

Monkey：不是你是谁啊?

恒温：时间不早了，就先结束了。小兔要走30分钟的路，到家差不多11点，有点晚了。我想说的是，我们要坚持一些事情，一些底线一定要守住，在技术上的话，要有所追求，不要忘了学习。请大家一定多多支持TesterHome，支持我们也是支持你自己，也祝Monkey的书大卖，祝TesterHome越办越好!

那一年，努(qi)力(pa)的人们终于相遇相知。

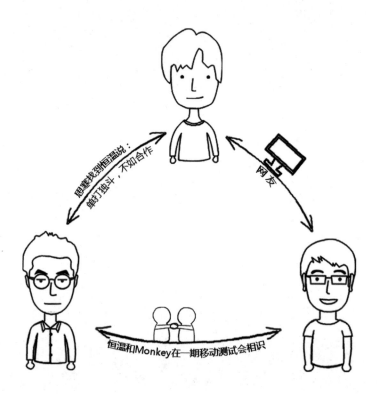

4. 小白如何学习测试

主持人：恒温，Monkey

嘉宾：无

测试代表着不辛苦并且高收入？做测试到底要不要会编程？测试行业的现状和前景到底是怎样的？看完这篇，答案也许自在心中。

恒温：大家好，我是恒温，我现在在上海。今天上海下了一天的雨，没有来听小道消息的人估计是被雨挡在外面了。我和Monkey都宅在家里，我们在吃火锅，Monkey也在吃火锅，对吗？

Monkey：是的，大家好我是Monkey陈晔晔。今天下了一天的雨，我到处宣传了一下，到现在也只有这么几个听众。我想大家应该不是宅在家里，是趁着晚上出去玩了吧。我一下午都在吃火锅，从三点多吃到五点多，然后又看电视看到现在。

恒温：今天我们的妹子（小兔）估计也在外面，和她的妹子们在过六一儿童节。

Monkey：对的，反正是看不到人影了。首先在这里祝大家儿童节快乐，今天的话题是"小白如何学习测试"。本来我想的主题是"儿童应该怎样去学习测试"，然后有很多人说不要去坑下一代，所以我想了一下还是算了，最终确定是——小白应该如何学习测试。

恒温：那你是怎么定义小白的呢？

Monkey: 我觉得小白基本上分成下面这几类人。

第一种：以前压根就没做过测试，现在说想踏入测试行业的。

第二种：我以前是开发，可实在太累了，现在又转到测试了。

第三种：我已经在做测试，但是我不知道怎么学，然后大家推荐一下是北大青鸟好，还是51testing好，还是某某机构好呢？

第四种：可能他做了不止一两年，但是他从头到尾给别人的感觉只是在抱怨说我薪资不高，别人看不起我，工作地位上不去，然后现在该怎么办之类的。

所有这些人统称为小白。

恒温： 就是对自身认识不够——包括对自身能力和自身状况，认识都不够的人叫小白，对吗？

Monkey: 对，我本来想到的定义是对自己所处的行业看不清楚。但是仔细想了一下，他可能连对自己的规划都看不清楚，更不用说能把所处的行业看清楚。

恒温： 不过我有一个问题是，小白到底是想做测试还是开发，或者他压根就没想清楚要不要进IT界呢？

Monkey: 大概是这个样子的，我在知乎上碰到过很多人私信我，他们一开口就会这么问：我以前没做过测试，然后现在想来做测试这个行业——当然他也不会说清楚为什么——请你给我点建议，关于这个行业的现状，还有这个行业将来会怎么样。但是就我跟他们的交流来看，我觉得他们压根没想清楚要不要做测试，要不要进入IT行业。因为所有想清楚的人基本上已经认清了现状，一个没有做过的人要认清现状的概率不大；哪怕是已经处在测试行业的人，可能80%都是认识不到现状的，也只看到了整个行业的一小部分。

恒温： 很多人其实对于计算机行业和测试行业存在误解，他可能以为工作轻松，薪水不低，然后又能赢得尊重——他们把测试工作看成一种高大上的职业。很多人就觉得开发太累他就要转过来，或者比如说我是做金融的，我就想转做金融测试，很多人是带着业务知识转过来的，但是他们并不知道测试其实真的是一个苦逼的活儿。

Monkey：借着小道消息这个平台，对现在或者以后听这个广播的人，我想问：你们现在做测试，有没有想过，等到30岁以后、40岁、50岁打算做什么？是打算一直做测试吗？做到架构师、技术大牛吗？如果是这样的话请问你和开发又有什么区别？你们有没有想过测试将来想怎么发展？其实很多人是看不清这一点的。因为测试这个行业本身发展的历史上就不是很长，他们有误解也正常；何况还有这么多培训机构在忽悠人，不忽悠好一点谁来呢？

恒温：在早些年还没有这么多关于测试的培训机构吧，好像这两年非常地火。测试能引起关注说明的确有一定的市场存在，软件业正在蓬勃发展，开发和测试是并行的线路，以后测试的确是会越来越受到尊重，但是受到尊重的前提是测试的工作量反而会慢慢超过开发，测试的苦逼程度可能比开发更严重。很多人想选择这个工作进入这个圈子，他并没有认识到这一点，很多小白纯粹是为了工作而工作，而不是为了职业的规划。

Monkey：我直到现在也没有办法短期内跟想入行的人解释清楚行业的现状，就算是跟已经在这个行业里的人也说不清楚。有一点可以确定的是，如果是没有经验的人现在想入行，我不建议你们来，我更赞同你们做一些职责或者技术上更专注的。比如做Java的开发或者某一种语言的开发，你可以在这个上面深入地学习、多去精于某一个点。而从目前的需求来看，做测试是绝对不可能只精于一点的。一般的软件测试工程师基本上就是什么都要学，在我看来就是要活到老学到老，否则可能马上被淘汰。所以真的是做了测试才会知道，开发和测试哪个更苦逼，不过也是各有苦逼的点。

恒温：就我目前的工作状况来看，测试要顾全的面远远超过开发，当然也有开发的工作类型跟我差不多的，也是接口人，一样很苦逼要顾全很多面。那么我们刚才说的是对行业还稍微有了解的小白，如果是纯粹的小白，比如说大学毕业生，如果想选择测试的话，一般会有怎样的渠道或者规划路线推荐给他呢？

Monkey：我建议先自己去看一些书，像《测试之美》《微软测试之道》，你未必要看懂里面的技术，而是通过这些书大概地了解一下软件测试是什么东西，这是第一步。第二步是要尽快地找一家公司做实习，把对于测试的了解在实践中慢慢地提炼，然后也要不停地和别人去沟通交流。我很担心因为企业里也有很多人不懂测试到底是干什么的，然后这些应届生到工作岗位之后遇见这些"前辈"，会被影响的不懂测试，到最后自己的测试三观也毁了。

恒温： 据我了解，大学生去大公司找实习工作的话可能会好一点。就测试流程来说，欧美公司的会相对好一点。如果去国内公司实习的话，基本上你就是打杂的份儿。我知道微软有一套非常完备的测试流水线，如果应届生在里面实习能把所有的岗位都做一遍，可以积累到非常多的经验。

Monkey： 对的，不过你要有一个正确的三观，这个三观是说你要知道自己进去学的是工作的流程，做事的方法，包括一些理念实现逻辑，等等，千万不要过于关注他们做的东西。因为他们公司里做的一些业务，比如微软、华为、中兴，它们的项目都是自己的项目，都是封闭式的，这些对以后的工作没有任何的帮助。所以作为一个应届生，我希望他清楚自己要去学什么，否则很容易被这些公司的业务或者已有的平台框死，他再出来之后脱离这个环境，就像鱼脱离了水一样马上就挂了。

恒温： 大公司里因为有比较完善的流水线，容易让人成为一颗螺丝钉，容易被其他人取代掉。然后你在这个岗位上所积累的经验到外面又用不到，这一点也是蛮伤的。尽管如此，在规章制度和流程上，去大公司还是能学到很多东西的。当然这也看个人的学习能力，特别是实习生。如果招实习生，你会让他们做哪些规划？

Monkey： 现在的应届生能力还是比较强的，无论是让他们做功能测试还是做自动化测试，如果要求的话都能做。比较费力的是要去纠正他们测试的三观，做manager的一旦不去讲这些，他们就慢慢不知道正确的测试是什么样子。我当初带应届生和实习生的方式很简单，让他们先熟悉产品，对产品有一个全面的了解，了解完之后编写测试用例；至少跑个一两次迭代之后，我才告诉他们接下来的规划；在我们项目相对空闲的时候，会让他们自己来定一个时间点去完成某项任务。我希望他们在三个月左右会对测试有一个正确的认知，否则我就会说你不要做测试了。

恒温： 按你这么高的要求，有没有遇到工作一个礼拜就马上说不干了的学生？

Monkey： 我觉得自己不算一个合格的manager，因为刚开始沟通产生矛盾时，我是一种冷处理的态度，后来我发现这是一种对大家都不利的情况，到最后对他和对我自己都没有帮助。于情于理都是我做得不好，所以我就改变了态度，转而主动地去帮助他们，至少让他们知道我们的好意。

恒温： 我觉得作为实习生首先要把自己的青春洋溢和热情显示出来，一般来说，实习代表这是真正意义上的第一份工作，你应该把自己对这份工作的热爱表现给身边的同事看，这样才是一个非常合格的实习生。我曾经带过的一个实习生，毕业之后好像就没有做测试了，所以在实习的时候做测试并不意味着以后也要做测试。

Monkey： 我觉得这种情况蛮多的。直白一点说，将来能够在测试这个岗位这个行业赚到大钱的人少之又少，几乎不可能，就是这样一个情况。

恒温： 对，要把测试行业当作一个赚快钱的行业那太难了，几乎不可能。我个人觉得，选择测试作为自己的实习工作，都是计算机相关专业的学生。如果遇到那种计算机无关IT无关专业的人，比如他是学建筑的，或者是在外面修马路修了三四年的说我也要转测试，Monkey面对这种情况会怎么办呢？

Monkey： 肯定是有，我个人觉得类似说你来做吧，或者说千万不要来做这种回答对他们来说其实都是没有用的。我会把几个重要的点先列给他们：

第一点：你们是不是愿意在这个行业活到老学到老？

第二点：你们是不是愿意同样的时间内你在这个岗位赚的钱随着时间的推移可能远远比在其他岗位其他行业来得少？

第三点：测试相对来讲是比较忙的，你们愿不愿意加班？

你们看了这几个问题后思考一下，选择是属于自己的。

恒温： 我觉得很多人其实在问的时候已经想好答案了，他只是想从你这里或者别人那里得到一些赞同或者得到一些安慰而已。

Monkey： 虽然他们是有答案的，甚至大部分情况是他们想的答案和我们match（相符），但是我们思考的过程和他们思考的过程可能是完全不一样的。

恒温：对于这种非专业相关的同学，真的是会很累或者非常难，他们要补习那些基础知识，还要补习业务知识，是一个很长的学习过程。对于这种学习态度学习过程，Monkey有什么建议？

Monkey：也有很多人问过我这个问题，我们先来说测试，首先还是要多看书，看一些不是那么理论的大家都比较推荐的书，一边看一边思考，能够取其精华去其糟粕。第二方面，说说编程，很多人问我应该怎么学编程，这个其实没有什么特别的方法，你如果想学Java，找本书不管是第几版，把上面的例子手动抄一遍，我就不信你抄完还不会，只不过很多人不愿意去做这样的事情。

恒温：也有很多人问过我编程的问题。比如说该用什么脚本语言，ruby还是Python？我如果回答说Python，他们马上会问你用什么IDE编辑器？很多人会去抓一些很次要的东西，特别是刚刚上手学编程的人。一定要抓住主干，而不是旁枝末节的东西。

Monkey：是的，我记得曾经在一个网站看到这样一句话，是给很多写代码的人一个建议，尽量让自己去习惯用文本文档编写代码。到现在为止，Android、iOS，包括持续集成，简单的东西我全部都是用Python写的，虽然代码看上去很挫，但是它能满足我工作的需求。在写代码的过程中，会有一些自己不知道的东西；把一本书两本书看完，会发现好多深奥的知识点，自己都不理解。这些东西其实不用深究，就像我自己还是有很多东西不理解，但是没有阻碍我继续做测试。

恒温：学习有两个派系，一个是学院派，一个是实践派。学院派就是把所有的东西都学一遍，知道个大概之后再开始工作。实践派就是边工作边学习。其实在大学的时候应该做学院派，因为有大把的时间。在工作当中如果做学院派，一年下来你的确会了Java，对Java了如指掌，但是你老板说你这一年啥都没干，你光学了一点产出都没有，那就等于零了。

Monkey：对，我也建议很多人说你要去写代码，虽然刚开始比较艰难，坚持一年两年之后你就会发现自己和其他很多人的区别。我现在就感觉不会像刚开始写代码的时候有那么大的挑战。还有另外一个给小白的建议是，尽量把重点focus在一些经典的东西上，而不是浪费在一些细节上面。

恒温： 我一直都觉得作为测试的话一个是简单粗暴，另外一个就是用自己擅长的好用的，不要去学那些形而上的思想哲学或者复杂的设计模式。其实我们用最熟的东西最傻的技术能达到目标就可以了。关于IT知识方面的学习和业务上的学习，特别是千变万化的业务，Monkey你会鼓励大家尽量去学习业务，还是学得差不多就可以呢？

Monkey： 这是个好问题，说到这个问题，就先要谈一下整个测试工作。我们也不能全部focus在coding上面，关于测试用例设计的方法也要，但是不用深究，这是第一个。第二个就是业务上，深入和不深入我觉得是各有好处的。像现在的互联网金融行业，不管你技术怎样，在这里肯定是业务为主的，毋庸置疑。但是这个业务也不是小白认为的手动点点，根据case跑跑，而是具备一些基础的技术能力和比较清晰的行业认识。以后就算是一个纯业务测试，他也必须具备一定的技术能力，他的技术能力可能不足让自己以成为测试开发，但是可能也算半个测试开发。个人觉得从业务和技术这两条路来讲的话，做技术你必须先把技术理清了，做业务你除了要把业务理清了还要具备一定技术能力，这两方面是相辅相成的，不存在分离的深入某一方面。

恒温： 这就是为什么测试在当今社会越来越受重视，并且测试的工资慢慢赶上了开发，因为做测试越来越难了，不仅要求业务还要求技术。但是在我的上一家公司，我们当时有分自动化和手动测试，定位是自动化的做技术专家，手动的做领域专家。那个时候就有做领域专家的同事比较反感这个定位，他一定要做自动化，因为他觉得在这块领域成为专家也没有用，离开你这个公司或者公司倒了的话，我在外面就找不到工作了。当时他给这个反馈的时候我也很为难，如果有人问你这种问题，Monkey你会怎么回答他呢？

Monkey： 我们把做的事情分为两部分，一部分是为了有饭吃，第二部分是为将来更好的工作机会做准备，这样就好回答了。我们把当前这家公司的业务摸熟了，一旦跳槽了，对我们来说之前在学习业务上花的时间可能就没有价值了。不摸熟业务的话，我们又没法在这家公司混下去或者往上混——其实你是无法预计自己什么时候跳槽的，除非你已经想跳了，这些就是关于混饭吃的一个方面。所以说除了熟悉现在公司的业务，你还要具备一个技术能力，而这些技术能力无论你在什么公司都是通用的，这些技术能力其实就是你为将来做储备的一个过程。

说到储备，我建议所有的测试在满足当前工作的需求前提下——这也是我们工作的第一要求，要学一些通用的技术。你到了下一家公司的时候，这些通用性的东西可能就是技术考核里的一个基础能力。

应届生讲完了之后我们就来说说做了几年其他行业（非计算机）的人要转测试的情况。对于有这种想法的人，我个人的建议是：千万不要转！一方面你年龄上不占优势，另一方面工作经验上也不占优势，第三方面你还得去补习很多计算机基础技术的知识，会做得很辛苦。其实你跳进来不难，但是你进来之后会发现，有海量的知识等着你去恶补，这个时候如果没有一个凭着良心来带你的"前辈"，你有可能不但被坑掉很多钱而且被坑掉很多时间，到最后一事无成。

我们之前还说到很多开发要转做测试，比如说我做了几年开发，实在觉得开发太累了，实在是不想再加班了，实在是写代码写得想吐了，于是我想转行做测试。这个就是围城效应了，大部分情况下，当你没有体验过的时候你很想去体验，当你真的体验到了又会觉得不想做了。但是想体验的人是怎么都劝不住的，哪怕我们再怎么不忍心他转过来，也不知道如何去劝他。

恒温：很多开发转测试是因为做开发的工作压力大，而且我们这边从开发转测试的人还蛮多的，特别是我这个部门。很多人就是觉得测试会相对轻松一点，其实关于工作量上的衡量，我一般是觉得测试的工作量比开发大，因为开发只专注于他自己的一点，测试除了专注你开发的这一点，还要专注周边的一些东西。我觉得如果你三观正，从开发转测试的话会有非常好的一个优势，特别是你的开发经验将会成为你做测试的一个很大的助力。

Monkey：从12年开始我就觉得这真的是种不良现象，我出去面个测试感觉像面CTO一样，就是什么都要面。那个时候我就很迷茫，这到底是什么情况。直到2014年这个状况也没有得到太大的改善，大部分去面测试工作的人，还是会被面到很多开发相关的东西。虽然现在编程的能力已经是测试must to have的技能了，但是我觉得有不少公司对测试岗位没有一个比较好的规划。

恒温：目前测试行业就是这个现状。差不多快十点了，我们这一期聊了不少关于小白如何转成非小白的话题，很多地方都是我们自己的经验，然后也有不少我们听说过的经验。每个人的经历都是不一样的，我们的方法你不能拷贝，我们说的这些经验只是给你做一个参考，小白如果真要进入测试行业的话一定要慎之又慎，想好你的未来可能会像我一样天天出差哦。

Monkey： 你这个已经算是不错的下场了。我们这一期并不是要告诉小白应该如何做测试，我们没有能力也没有任何一个人有能力告诉小白如何做测试，我们能做的就是把自己所看到的所经历的告诉他，让他来做一个参考。一是给没有做过测试的人一个参考，看他到底还想不想来做；二是让那些开发来了解一下测试应该做些什么；三是让很多人了解一下测试行业是个什么样子。至于到底该怎么做、怎么去走测试这条路，这个没有人能清楚，也没有人能告诉他。

节目录到现在的话，是整整一个小时零一分钟，本期节目到此结束。更多精彩内容可以在荔枝FM搜索"测试圈小道消息"，或者关注我微博"Monkey陈晔晔"，感谢在六一儿童节在线收听我们广播的同学们，以及有两个娃的恒温。

恒温： 好，大家端午六一快乐。

Monkey： 再见。

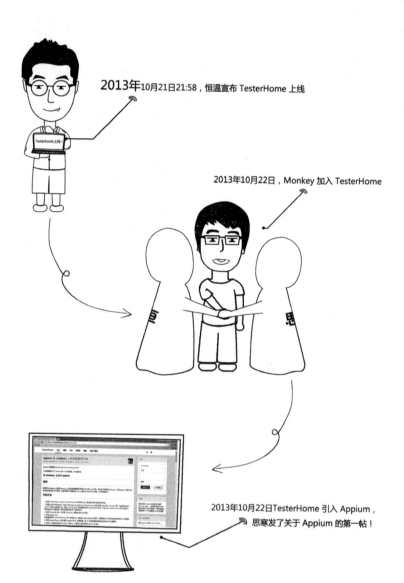

2013年10月21日21:58，恒温宣布 TesterHome 上线

2013年10月22日，Monkey 加入 TesterHome

2013年10月22日TesterHome 引入 Appium，思寒发了关于 Appium 的第一帖！

5. 测试专访——无线(硬件)专业的妹子讨论技术(上)

主持人：Monkey陈晔晔，小兔

嘉宾：茉莉

无线，相信大家一定不陌生。我们日常生活中用到的Wi-Fi、路由器、手机通话等在使用这个技术。但就是这样一个看不见、摸不着的东西，要如何开展功能、性能、稳定性的测试呢？本期测试小道消息我们邀请了一位从远古时代穿越而来的神秘女嘉宾，下面由她为我们揭开无线测试的神秘面纱。

小兔： 大家好！我是小兔。测试小道消息又跟大家见面了。下面有请我的搭档——Monkey同学。

Monkey： 大家好。我是Monkey陈晔晔，我在上海，为了主持小道消息今天没有加班。

小兔： 好，有请我们的嘉宾。

茉莉： 大家好，大家应该是第一次在这里听到我的声音，我在上海，也没有加班。很高兴来到这里。先自我介绍一下，大家可以叫我Dreaming。

我是2006年参加工作的，到现在大概工作了9年，一直都是做测试。我原来是在一家做传统行业的公司，属于制造行业。可能大家都有听过，制造业会做OEM或者ODM的东西。我是今年转到一家互联网公司的，现在做的产品跟之前的也有很大不同。

我之前做过的产品基本上都是一些手持的终端设备。比如我最早做的是一只叫作Skype的Phone，它是Netgear公司的产品；后来有做一些Cisco的VOIP Phone；再到后来，就是Windows Mobile非常流行的时候，做了6.0之类的Smart Phone；Android出来之后，做了基于Android的E-book和Phone，直到现在。回忆了一下我所做过的这么多产品，基本上都是跟Wi-Fi（无线）相关的，所以我做得最多的，就是无线这一块的测试。刚入行的时候，我从各个模块的功能测试开始做，到后面可能会接触到一点自动化，这也是取决于个人的职业规划方向。我自己是转向集成方面的测试。集成测试，会先做Person In charge，简称PIC，就是带领一个小团队完成某一个任务。再到后面，就是做TPM，测试这块的PM。今天我想跟大家分享的内容是系统整合性测试。有人听说过系统整合性测试吗？

小兔： 我表示不懂。

茉莉： Monkey，你呢？

Monkey： 不知道，我表示也不懂！

茉莉： 系统整合性，System Integration Test，缩写是SIT；有的地方也把它叫作ST，System Test，或者叫集成测试。大范围来讲，一个具体的产品，不管是手机，还是任何其他产品的系统整合性测试都包含了功能的测试，但实际上，系统整合性测试可以细分成功能测试、系统稳定性测试、自动化测试、认证测试以及一些和硬件相关的测试。系统整合性测试的目的首先是检测产品的功能是否如符合设计要求；其次是产品所安装软件的兼容性，检测其运行是否正常，硬件也是一样。测试中涉及软件、硬件就需要考虑系统的稳定性、性能以及一些与硬件相关的接口及其认证，这些都属于系统整合性测试的范畴。

茉莉： 我继续讲一些关于系统整合性测试的概念。Android的原生操作系统可以叫做BSP（Board Support Package），在BSP上我们可以安装各种各样的APK，我们把这些称之为System。假设所测产品是基于Android系统，那么我们的集成测试会根据不同的应用去测试。应用测试如果细分下去，又有功能测试、稳定性测试、性能测试。除了应用测试之外，还要测系统。单个应用的功能测试只是在应用本身里面去做一些功能的确认，但是当很多的应用集成到一个系统上的时候，这种系统整合性的测试和单个应用的测试又有很大的差别。很多的产品或者说模块在我们测试里面又可以分成功能测试、IOT测试、交互性测试、兼容性测试、稳定性测试，以及最后的Performance测试。不管是一个APP，还是一个具体的产品（比如PSP），都可以从功能、交互性、兼容性、稳定性和性能这些方面去测试。

接下来分享一下我之前做过的一些模块的测试。早期测试Skype Phone的登录功能，包含各种登录及查询的场景测试。之后测试基于GSM的手机，主要测试通话功能，还有SMS和MMS。手机里还有设置模块，而设置模块又包含UI设置、系统设置、网络设置等。另外，测试手机时还有很大一块内容是跟射频相关的，这部分为比较偏硬件的测试，再比如蓝牙（Bluetooth）、无线（Wi-Fi），还有NFC，这些都跟硬件比较相关。现在，我觉得系统整合性测试是比较杂的，各方面都需要去看一点。

小兔： 我刚刚听到你说到测试电话，做这个的时候，你真的需要把电话接通吗？还是只要测一些其他功能？

茉莉： 当然，电话的测试肯定会接通电话的。为了测试这部分功能，通常会准备很多电话卡。如果你是测Skype Phone的话，因为它走的是无线，需要申请很多Skype的账号用来测试。如果是测传统的GSM Phone的话，则需要办理多种SIM卡及各种套餐。之所以选择不同套餐是因为有的套餐的通话比较多，有些套餐的短信比较多，这些都是实实在在要测的。也有一些工具可以帮助测试，这里介绍一种叫NOW SMS的工具，它可以帮助定点发送各种类型的短信。在我们看来很普通的短信其实也是有多种类型的，其中一种就是直接推送的。举个例子，当你去奥特莱斯，或者经过某个城市时，手机会收到一些广告，这些广告就属于推送类的短信。测试时，通过NOW SMS发送不同类型的短信，查看手机能否正常地接收。

小兔： 那么在测试无线时，会不会考虑信号的稳定性呢？

茉莉： 对！小兔帮我引出了正题，接下来我想要讲的就是无线测试的内容。

在面试别人的时候，很多人都说有无线测试的经验。然后我就会问，请问你做的无线测试包括哪些内容？很多人就跟我讲说，就是路由器连一连，看能不能连上、断开。我觉得这不能算是无线方面的工作经验，这只能算是路由器最基本的测试。实际上，关于Wi-Fi这部分的测试是分得很细的。拿连接举例，你如果说，测试过各种路由器的连接，包括加密方式、密码，那么我会觉得，你可能是有一部分经验，而这部分经验也只是在功能测试方面的。如果你再跟我讲，在各种环境下面通过测无线的吞吐量去衡量产品Wi-Fi这方面的速率。那么我知道，你做过一部分Wi-Fi性能的测试。可能还有人跟我讲，从Android底层的Driver接口去做一些开关或者连接，那这又涉及无线自动化的测试。无线的测试，其实也可以按我之前讲到的那样，分功能测试、交互性测试。所谓交互性测试，就是在无线连接的状态下，有不同的动作进来，比如我们经常遇到的场景，有电话进来；电源管理这方面，没电了会给提示，同时还有第三方的电话进来，这种无线处于不同状态时伴随着各种各样的事件进来的测试，就叫交互性的测试。

那么无线兼容性测试要如何测试呢？市面上有很多不同厂家、不同型号的路由器，有些是经过Wi-Fi联盟认证的。但在国内，大部分可能都是没有经过认证的。那对此类路由器的兼容性怎么测？是不是随便拿两个路由器测试就算兼容性测试？测一下Wi-Fi连接多久或者开关多久就算稳定性测试？还是说我们要用Wi-Fi去做什么事情去做多久？对于Wi-Fi有哪些操作可以做稳定性的测试？最后一个，也是在无线测试里面最难的，Performance，就是无线性能测试。用过手机无线（包括路由器）的都知道，在家用环境下，通常路由器比较固定，我们会觉得路由器是比较稳定的。实际上，很多路由器都有性能不好的问题，它表现在可能有时候用一段时间就莫名其妙地断了，或者信号不好，此时大家都习惯了去重启路由器。实际上，测试过程中用到的路由器，比如Cisco，还有一些企业级的路由器，是非常稳定的，基本上很少要经常性地重启。所以当我们遇到这种无线问题的时候，不要单纯地把它归类于手机或者产品的问题，其实路由器可能是造成信号不稳定的一个很大的原因。

这样又回到我们怎样做无线性能测试的问题了。在使用无线产品的过程当中，存在很多的用户场景，故而模拟用户场景在测试过程中尤为重要，而场景的多少就决定了测试的难度。我们在手机上可以看到信号强度，RSSI，信号接收灵敏度或者叫信号接收强度。就各种信号接收下的强度测试就有很多。模拟在各种各样的信号下，通常表现为信号很好、一般好、信号非常弱、还有一种就是周围干扰特别多，而这种干扰可能有很多种，比如说你周围有二十几个路由器，有路由器的干扰；还有无线2.4G，有蓝牙，还有其他产品在2.4G的干扰都是存在的。无线信号是一个信号波，抽象且容易变化，当路由器周围有人经过，它的波形就会发生变化，而这些都会影响到性能。所以我们在做无线性能测试的时候，最重要的一点，就是如何尽可能多地覆盖用户场景。

刚才有个同学问，怎么测吞吐量？在行业内的，很多人会用IxChariot，它是测试无线吞吐量的一个工具。IxChariot企业版的是要收费的，而且还不便宜，但是它的功能非常多。它可以测试IP/UDP/或者是模拟各种延时底下的吞吐量。还有一个工具叫iPerf。iPerf比较简易一点，免费的，所以现在国内用iPerf的比较多。它透过指令可以指定一次传多大的文件，传输多久，是双向传还是单向传。

关于这两个工具我们只是会用，了解它的数据出来代表了什么，或者说你想要测试什么，怎么样去设置这个工具。但是实际上无线性能测试这一块，最重要的是要学会分析，定位问题。如果说我们现在测的是一个具体的产品，比如说手机，那是它天线硬件设计上的问题呢，还是软件的问题，还是环境的问题？就我自己的测试经验而言，在无线性能测试这部分，有很多问题都是环境造成的。而在排查各种环境问题导致的问题的时候会花很多时间。

然后，如果我们想要检测硬件产品的天线在无线Wi-Fi下的性能，最直接的办法就是到一个完全没有干扰的地方。这样就先排除了环境对它的干扰，然后再测试。有些公司会有屏蔽室，里面有各种吸波材料，可以完全屏蔽掉其他信号，就只有你要测试的产品跟路由器，这样测试出来的数据就是很干净的数据。在这种环境下测出来的问题，就可以排除掉环境的问题，然后再去定位是硬件设计的问题，还是软件的问题。接下来就是具体问题具体分析了。

Monkey： 刚刚有人提到无线的安全测试。

茉莉： 无线安全测试，我不知道这位同学问的是哪一方面，是指数据的安全呢，还是指各种加密方式？或者说是各种安全类型的路由器的测试？

有人问如何挑选路由器。通常在测试兼容性的时候需要挑选路由器，如何挑选，我觉得有几个地方需要注意：第一，路由器用的芯片，根据路由器本身用的Wi-Fi的芯片去选择；

第二，厂家，因为不同的厂家，即使用同样的芯片，在软件上面的处理也是不一样的；第三，客户定位，看这款产品主要面向的是哪一部分用户。如果是家庭用户，那它的路由器就是市面上卖得最多、最流行、用得最多的。

有个同学说测试哪一层？我们在测系统整合性测试的时候，无线这部分其实已经是一个完整的产品了，我们主要是测TCP这一层。当TCP这一层有问题，或者在需要排查的时候，也会去测UDP层。

还有一个同学问，APP在使用Wi-Fi时，总是出现各种各样的问题。那就是说你的产品是一个APP应用，然后这个应用会出现各种Wi-Fi不稳定的问题，对吗？那这个就要看你应用里的无线是怎么做的，它的不稳定会出现在什么地方。如路由器设备的安全方面、加密算法、有效性等。那你测试的产品是一个路由器的设备吗？我们的产品不是路由器，我们的产品只是用无线去连接路由器的，测试无线安全这部分。

视频有时候出不来的问题，应该是吞吐量太低了，Wi-Fi可能连接着，但是数据流量太低，导致大的东西显示不出来或者延时。造成吞吐量很低的情况又有很多种原因。最直接的原因就是本身的网络带宽太低了。也就是说现连着的路由器是好的，但是路由器网线通出去的带宽只有2M，那大型的游戏或者高清的电影实际上确实是会卡顿的，因为它所要求的带宽很高，而你总共的带宽就那么点。再假设你是百兆带宽，百兆的带宽本身是没有问题的，再分析，是你的设备跟路由器之间的连接出了问题呢，还是你本身在处理这种视频时候的问题。

Monkey: 又有问题了，有人问你们公司的主要设备？

茉莉: 我那边主要的设备？我之前测过的无线产品类设备都是手持类设备，手机居多吧。

我记得之前还有个同学问AP/AC的测试。我不懂AC代表的哪一个。AP的话，我们原来传统行业称AP是Access Point，就是路由器。AC的话是指哪个？是指Access Control吗？一般来讲，只要产品是有Wi-Fi的，就一定会遇到各种各样用户反馈回来的网络问题。比如说产品连路由器老是会断，但是手机或者Pad不会或者PC不会。或者是连上了，但是速度慢。还有一个就是为什么连上了，别人的带宽就被我占了，等等。关于我自己对无线性能测试这一块的理解跟分析，刚刚也跟大家介绍了，我觉得对环境的排查是非常非常重要的。我们要做的是要透过自己的经验，用各种各样的排除法去排除。

有个同学提到，对视频的接收，我的想法是通过在路由器那里控制，才能知道我们的APP移动视频对移动宽带的要求。很多路由器都有限速的功能，意思就是，假设在看超清电影的时候，只有在10M带宽而且非常理想的环境下播超清，才会非常流畅不卡顿。但是现有带宽只有8M甚至更低，在这种情况下，视频播放肯定是达不到需求的。另一方面，测试里面有一种叫作各种网络环境下的测试。假设现有百兆的带宽，但通过路由器或者其他设备去限速在2M、4M或者8M的情况下，去查看一下想要的资源，比如说看电影、玩游戏，在这种限速情况下，是不是能达到一个比较好的用户体验。

有一个同学问到了高端Phone。所谓的高端Phone，就是测试时参照的一个东西。我比较习惯把它叫作Benchmark，在做产品的时候，通常要去选一个Benchmark，类似于产品定位，定位想要做到跟什么产品差不多，需要注意的是你的产品和Benchmark所用的芯片是同一类型的，就是检测这两个产品在无线性能方面能不能达到同等水平。所以在选择Benchmark的时候，要有侧重点地进行选择。

有位同学问，怎样监控产品的无线连接？如果是指监控产品无线连接的某一部分，可以用iPerf去跑一个长时间的吞吐量测试，再查看该测试下的曲线图。通常来讲，在环境比较稳定可控的情况下，它的曲线是比较平稳的。当曲线掉下来，比如说吞吐量从100Mb/s掉到20Mb/s时，那就说明稳定性有些问题。找到导致它掉下来的原因的最简单的办法就是在PC上面的CMD里，通过ping的方式，通过长时间的ping，得到丢包率跟延时，可以初步判断网络是通还是不通、稳定不稳定，这个都是可以看出来的。

茉莉：我觉得在无线性能这方面的测试，可以讲的、可以探讨的问题非常非常多，各种问题就需要再具体分析了。无线性能非常复杂，这是由无线环境所造成的，而影响无线的因素有很多。提到无线，就不得不提无线带宽。其实很多早期的路由器是只支持2.4GHz的，并不支持5GHz。然而现在有越来越多的产品不止WiFi用到2.4G这个带宽，还有电磁波、广播等等，造成2.4G这个带宽越来越拥堵，速度提升很难有突破。后来802.11g、802.11a、802.11n技术兴起，5GHz这个无线带宽被广泛使用，也被越来越巧妙地使用，使得无线可达到的理论速率越来越快。而在5G上，大家都开始慢慢往5G这方面发展更多的技术，从而使无线的速率达到更高。我们现在802.11ac的理论速率就可以达到很高了。

小兔：我有个题外的问题，就是刚刚你说到测试一些无线信号，你们公司会用到屏蔽房。那平常的话，都有哪些信号会影响到无线信号或对它造成影响呢？

茉莉：我们知道在无线这部分，可能又分WWAN（无线广域网卡）或者WLAN（无线局域网），无线底下的技术其实是很多的。讲的Wi-Fi，它所用到的是2.4G，而在2.4G下还有蓝牙、红外，以及其他用到2.4G的，它们都会对无线信号有影响。如果把无线想象成一种讯号的话，它其实就是你本身所在用的，比如你的手机现在在用，你旁边的手机、路由器，这些都是用的无线信号，这些都是有干扰的。在家庭环境里面，无线最常面对的就是有一堵实墙。信号其实是没有办法穿墙的，这种信号都是通过各种折射、反射后才从路由器到达你的手机，所以在隔了几堵墙后信号会变得很弱。同样的，手机和路由器之间人来人往，这也会对信号造成影响。手机接电话也是走的无线的一种，手机的SIM卡和基站之间，这些都是有影响的。所以为什么无线的问题这么复杂而又比较难定位。况且要做到完全没有这方面的投诉的非常好的产品是不可能的。因为用户场景太多了，即使是路由器级别的，都没有办法保证无线的性能非常完美。就无线技术本身来讲，它确实容易受影响。我这样说有回答你的问题吗？

小兔：有的。我就是想到另外一个有些路由产品会宣传说自己的产品穿墙能力很强之类的，不同的产品之间的确会有明显的差别吗？就对于刚刚说的那种穿墙能力。

茉莉：穿墙其实是我们的一种通俗说法，它想要表达的其实是你的路由器到你的产品之间的接收能力。而用户场景里面有墙的阻挡是非常普遍的，于是我们就通俗地把它称为穿墙能力。实际上应该是说，路由器有多大能力去发送这种讯号让大家都可以很好地接收。而这里面的差异是有的，因为能够影响到无线发射功率的或者说讯号能够很好传输的因素包括路由器发射功率和天线。内置天线的路由产品没有外置天线的产品稳定，因为内置天线从硬件上来讲就比较难设计，即很难达到一个最理想的状况去接收信号。但如果是外接的天线就不一样了，把两个天线一拉出来，它就可以达到一个非常好的接收位置。如果是内置天线的话，一方面需要考虑如何把天线设计到产品内部，另一方面还要避免电磁干扰，这是另外一个问题了。

小兔： 讨论区又有问题。

茉莉： 有一个同学问，不可能有足够多的安卓设备，兼容性这块难测。云测试工具只测试你的登录。其实兼容性测试这部分，就看你到底想不想做，以及你们公司投入。我们做兼容性测试的时候，真的会买十几、二十几个路由器，然后把这路由器的很多部分都去测一遍。所以讲到兼容性这部分，其实是很难偷懒的，没有真实实际地去测过这些东西，心里是没底的。除非不测兼容性，让公司把产品送去过Wi-Fi认证，那么就可以名正言顺地宣传我们的产品是有经过Wi-Fi认证的，我们认为对Wi-Fi联盟里面即有Wi-Fi认证的其他设备的兼容性是没有问题的。这也不失为一个很好的办法，尤其是当你们公司的产品要出口，过Wi-Fi认证是很普遍的。

最后一点，我觉得无线的开发、测试经验，是需要慢慢累积的。无线技术它本来就容易受影响，而且它的技术是在发展的。有很多东西我们都要去了解、去实践，只有自己实实在在地去测试过很多产品，才能发现无线中诸多奇特的问题。

然后我原来测试无线的工作经验的话，基本上都是在产品，就是硬件上的产品。那对于应用端的测试，我其实基本上没有接触过。我现在才开始要往这方面学习，以后要多了解这种移动应用端，就是移动APP的测试。

小兔： 刚刚有人在讨论区求你的联系方式。

茉莉： 那个记住我的YY就好了，我们也可以通过YY来交流。这个是我开通的第一个跟工作相关的社交账号，因为我之前是不泡社区的。我是一个传统行业过来的人，同时我也是一个非常传统的人。我基本上没有加入过群、社区什么的。

Monkey： Dreaming属于今天特别邀请过来，就是你们可以认为是把她从远古时代挖过来的，她不在TesterHome的群里。然后还是很感谢今天从传统时代穿越过来的Dreaming，并且希望留住在现在时代的Dreaming。节目录到这里，也差不多该说再见了，Dreaming你来说个结束语吧。

嘉宾茉莉： 快到年底了，本来我要跟大家讲的是这一年我有哪些成长，包括工作上和生活上的。那一讲又讲到了无线，无线其实是让我痛过很多次的东西，因为我所做过的产品都没有脱离过它。在这部分，我自己也经历过很多事情，遇到过很多问题，所以讲到无线真的是又爱又恨。不过没关系，我对它还是很有兴趣的。我觉得无线的技术还是会一直往下发展，那我自己也想一直跟着学习。可以说从传统行业穿越到现在的这种行业是我自己的职业规划吧。然后在生活上面的话就是认识大家很开心，比如Monkey、小兔还有恒温。可能我原来没有在TesterHome出现过，但是我已经有注册账号了。希望后面能够跟大家更多地交流。好，谢谢大家，我是Dreaming，Bye-bye。

2014年4月23日TesterHome 在线广播第一期开始啦!

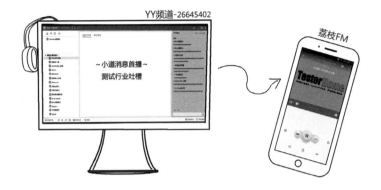

YY频道-26645402

荔枝FM

~小道消息首播~
测试行业吐槽

测试小道消息的诞生是受了 TeaHour.fm 的影响，一直想做却没有落实。感谢 Monkey 真正地把它给做了起来。

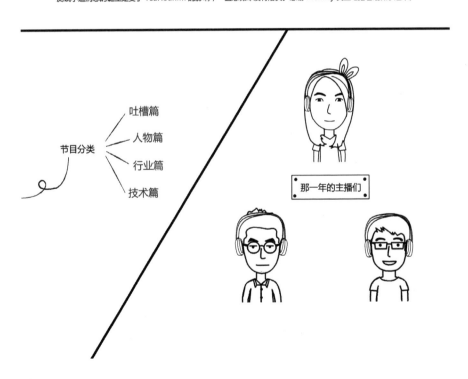

节目分类

吐槽篇
人物篇
行业篇
技术篇

那一年的主播们

6. 风雨测试十年路——网秦Xin Zunxi回顾测试十年

主持人：小兔，小A

嘉宾：Xin Zunxi

这期节目很荣幸地请到了北京网秦公司的@Xin Zunxi，他算是测试这个行业的老前辈了，已经在这个圈子拼搏了10年。今天的节目里他跟我们分享了这10年来的感想和感悟，给想转型做移动端测试的人提了一些宝贵建议，也给迷茫的技术渣们指点了迷津。

小兔：大家好，我是小兔，小道消息又跟大家见面了。我现在在上海，上海这两天突然降温，很多人都感冒了，在上海的同学出门一定要把自己裹严实了，不要冻到。今天跟我搭档的是小A同学。

小A：大家好，猥琐的声音再次出现了，首先跟大家说声抱歉，之前小道消息也算稳定运行过一段时间，但中间因为我们四个人的个人原因，而且都比较忙，耽搁了多期节目。

今天我们为大家邀请到了一个重量级的嘉宾——如果大家在新浪微博上经常关注测试行业的话，应该都知道他的ID吧——他就是Xin Zunxi大哥。

Xin Zunxi：小道消息之前的节目我基本都听过，感觉很好，非常感谢Monkey邀请我来做这一期的嘉宾，首先我简单介绍下自己。

我是从2005年开始参加工作的，就像刚才小A说的，工作时间算比较长了。第一份工作是在德讯无线，基本上做了一年的手机测试。当时比较年轻，在职业发展上又没有前辈的指引，做了半年多，感觉不爽，就像现在很多年轻人一样选择了跳槽。做了半年多的手机（测试），感觉手机测试非常烦——那时我们做的基本上是手机的黑盒测试和UI测试，主要就是写用例、执行用例，之前我一哥们儿最多的用例都写了快10万条，据说都快写吐了——所以后来就不想再做手机测试了。

然后就开始做客户端测试。那时候客户端比较少，一开始做的是Symbian平台，现在基本上已经没有了；中间还做过Windows Mobile，这个平台现在基本上也死了；还有winCE平台，基本上也没啦，包括后来也做过J2ME的一些小应用的测试，不过现在基本上也没有了。也就是说，前些年做的工作基本上大伙现在都看不到了。

后来就进了网秦——我现在工作的公司。我是2009年加入的，在这儿工作了快5年（应该是2009年年底加入的）。在这边现在做的主要是Android客户端测试，偶尔也会做网站后台的测试，因为客户端和后台是不分家的嘛，基本上现在单机的客户端非常少了。这就是我大概的工作经历。

小A： 我们为这么比较务实又精彩的开场白再次鼓掌吧。我们往期节目都是这样，由嘉宾来分享工作中的实践经验，现场的观众都可以提问。在我个人看来，在我们测试行业里能坚持10年非常不容易，有这么丰富经验的老前辈来给我们做分享真的比较难得，所以希望大家积极提问不要错过。

我先问个问题。在我上大学的时候，对网秦的产品有过一些了解。还记得我用的是诺基亚手机，当年Symbian上有好多网秦出的安全类的软件。我对网秦的印象曾经是做流氓软件的是吗？很冒昧地提问，能请Xin Zunxi大哥稍微解释下吗？

Xin Zunxi： 怎么说呢，网秦之前在外面的名声确实是不好，这也是有多方面原因的。

网秦跟其他公司不一样，网秦从一开始就是做移动端的手机安全产品，没有其他业务，就做移动安全这一件事。而在中国做这种应用要想活下去的话，必然要考虑怎么盈利，怎么赚钱让公司发展下去，当时网秦的决定是"基础功能免费，然后有些增值服务是收费的"。因为在当时，最早是2008年和2009年的时候，除了游戏之外，只要是做收费软件基本上会被挨骂。怎么说呢，比方说用户一点击就会扣费，即使是有提示的，一被收费用户就觉得不爽。另一方面，也可能当年软件本身存在一些bug，导致名声越来越差。其实后来我发现，很多人说你不好的时候，基本上是从别人那里听过来的，真正用后遭受过伤害的人实际上很少，主要是坏名声越传越远；还有也不排除有竞争对手在帮忙炒作。

小A： 最后一句我觉得是重点。谢谢XinZunxi大哥的回答，咱们还是务实点，问些跟技术和大家的工作息息相关的问题。网秦是专注做安全类的移动端产品，你觉得在你平常接触到的测试工作中，跟普通类型的比如资讯类或者其他类型的APP相比，有什么难点和不同的地方？能跟大家分享下吗？

Xin Zunxi： 从进了网秦开始，我做的基本上都是安全类产品的测试。记得那是2009年吧，Android已经存在了，Symbian还没有开始没落，主要做的是手机卫士类产品的测试。我是2011年才开始转到Android，那时候大局已定，基本上我们认为Symbian是必死无疑的。

接下来说下小A问的"安全类产品和资讯类产品的不一样"，有什么不一样呢？

其实我觉得做安全类软件这种工具类产品，跟手机打交道比较多。比方说你要杀病毒、监控病毒，肯定就要监控手机上安装的软件，然后对这些软件进行分析。比方说要做拦截电话吧，肯定要有调取短信和电话的权限。安全类产品和手机接触得太紧密了，所以我觉得安全类产品比资讯类产品在适配上可能会更麻烦。尤其是Android，开源的，很多厂家都会改，一改的话有时会导致很多功能失效。其他的比如说基本的测试理论和方法，大体上都是类似的。

除了适配比较麻烦外，安全类产品大部分时候是在后台不断地运行，所以对程序的兼容性要求比较高。

小A： 总结下XinZunxi大哥的话，安全类产品跟其他类型产品在大体的测试思路跟测试方法上是差不多的，但是可能安全类的产品在兼容性方面的问题会多一点。另外我听到一个细节——安全类产品后台的进程会比较多一点。

（**Xin Zunxi补充：** 安全类产品必须在后台运行，跟电脑上是类似的，杀毒软件永远是在后台运行，一旦不运行了它基本上也没啥用了。）

关于后台运行的情况，我又想到了几个问题，也拿出来跟大家交流下。我们PC端后台的一些进程假如出现了问题，或者说它停止工作了，我们是有办法可以看到打印，或者看到它的日志。那么在移动端这边，对于后台的分析工作也好、查bug也好，有没有一些好的工具或者方法呢？专门针对你刚才说的后台的那个事情。

Xin Zunxi：就我的理解来说，这个东西跟测其他的软件基本是一样的。第一，开发在Debug版本会把一些log输出到文件中，比如导入SD卡，有什么异常或者问题，会把一些日志导到文件去，在测试的时候，会把一些崩溃的log上传到服务器，通过邮件发给我们，另外就是我们测试的时候，所有测Android的，在工位旁边肯定是要连着DDMS，连着ADB Logcat，肯定是要看日志。基本上是类似的，也不用什么特殊的工具，但是我们对软件崩溃的要求是比较严格的，能接受的崩溃率比较低。

小A：Monkey曾经讲过，他进入测试行业后，刚开始也不是做移动测试的，转到移动测试领域的初期难免会遇到很多技术上的疑点和难点；而在面试过程中，发现好多人对我们之前提到的DDMS，或者怎么抓log都没有掌握。针对这些问题，你作为一个这么长时间经验的、长期从事移动端测试的前辈，觉得移动端测试人员应该如何学习和提高自己？要有哪些必备的技能？

Xin Zunxi：其实我做Android的时间也不是太长，我虽然工作10年，但不可能做到十年Android，因为Android一共还没十年呢。我是2011年转到Android的，我转到Android的经历希望大家可以从中参考下。

因为我们的Symbian平台在萎缩，要抽出一部分人去做Android。我觉得Symbian大势已去，所以申请去做Android。说句实话，当时申请的时候，对于Android我基本上啥也不会。记得调过来的第一天，线上就出问题了，当时开发说VersionCode 和UID这些东西的时候，我心里想"说啥呢"。但是也不好意思说不懂，我说"我大概知道了，回去调查下"。虽然当时没有Android经验，但是在公司也干两年了嘛，我是这么个思路：测试理论这个东西基本上是相通的，剩余的是Android领域方面的知识。

第一件事情就是买了一本Android开发的书，从头到尾读了一遍，先大概了解Android

有啥，比方人家说的什么Activity，几大组件一开始我都不知道。这跟我之前做的Symbian、Windows Mobile、J2ME啦，差别还是挺大的，这些名词在以前都没接触过。先找了本书，把这些名词都是干吗的读懂，看懂了，当然写是不会的。看了两三天之后，我再去和别人交流Android方面的东西就没有什么障碍了。

后续就是找了本Android的书，把上面的例子基本上都写了一遍。从我个人角度来说，Android的小demo写起来，比之前的Symbian、Window Mobile，甚至比J2ME都简单。

把书上的例子写得差不多之后，就知道了开发做的一些东西大概用的是啥。一开始比方他说这是Toast，都不知道他说的是啥，当时我在测试的时候有时连续点击一些东西，会弹出Toast，我想它会不会不消失啊。其实懂得原理之后，就不会有这种疑惑——除非手机出问题了，至少在我测试的这几年，基本上没发现Toast会消失的情况，当时还怕这个东西会不会消失。

把开发的基本原理都看了一遍，然后剩下的就是在工作中学习啦。有时候会跟开发学习一些东西，当时我们开发也挺好的，他们也都是从Symbian转过来的，都是刚开始学Android。

后来就是，最早的时候学怎么看日志，我做Android之前，测试的时候不怎么用Linux，用Symbian、Windows Mobile，我也不做服务器，所以对这些Linux命令也不熟。后来我们的一个开发说这些是Linux上的常用命令，Android也是基于Linux做的，很多命令基本上是通用的，比方说PS命令，包括ADB的很多命令，比如说查看CPU，查看内存，这些东西你在Linux下其实也是这么查的，所以又把Linux常用命令学了学。

我觉得，如果是从别的行业转过来，第一件事应该把Android开发知识学一下，剩下的就是在工作中不断地去学习就OK了。

其实测试这个东西怎么说呢，我之前面试测试人员，都喜欢问，"你最近看过什么测试书吗"或者"你最近在网上看过什么测试方面的东西吗"，得到的大部分回答都是我从来不看测试书的，这弄得我很无奈，我书架上关于测试书一般不少于50本。

小兔： 你买的书都看完了吗？

Xin Zunxi： 基本上每本书我都看过，你说领悟多深不一定，基本上所有类型的书，包括Monkey不喜欢的学院派写的书，还有一些实战派写的书，我都看。其实我的观点是，你看一本书，去参加一些培训，听一些公开课，能有一点收获就行。但我还是建议多看一些测试领域的书。

虽然我们在公司做测试，脱离了业务肯定没法活，但实际上有时我也说另外一句话：测试不要被业务绑太死。比方说测试中牵扯到公司的业务，那么这个业务是怎么实现的？你发现了一个bug，这个bug产生的原因是啥？如果你不知道这些话，一旦你换一个行业，你换一家公司，这些经验就都没用了。但是比如说你看到一个软件崩溃了，并且了解到崩溃的原因，这个有可能是通用的，换了家公司这个还是有用的。测试不能脱离业务，但也不要去和公司绑定，公司有一天可能会垮台——我也待过破产的公司，但是总不能公司垮台了你也跟着垮台吧。

小A： 好务实，我发现跟Xin Zunxi大哥有好多共同语言。我想再强调一些观点，对大家来讲应该也非常重要。

首先一点，我想讲的是学习曲线的问题，就是当你从零开始学一个东西的时候，你不要怕，没必要在一开始就把这个东西啃透，遇到一些不懂的名词都是正常的，可以多看一些相关的书，就算买不起书的话也可以直接百度、Google。起码你知道有这个词了，然后当你回头看第二遍第三遍的时候，慢慢地就会有感觉，直到运用自如。

还有一点，就是Xin Zunxi大哥之前讲的被业务绑得太死的测试人员，我们行业有很多这样的人。例如我第一家单位里，之前的一些老前辈，就是被业务绑得太死。我会担心他们真的有一天不在这个行业里面，但是还接着做测试工作的话，就会面临很危险也很尴尬的地步。所以我觉得尽早去思考一些问题比较好。

Xin Zunxi： 我接着小A的话题继续往下说，这两年的测试人员其实已经太幸福了。我记得2005参加工作的时候，那时候经常去的测试网站只有两个，一个是51，一个是测试时代，现在叫领测国际，当时豆瓣的段念（现在也很出名）还会出来讲讲性能测试，还有领测的核心人物也会出来讲讲。那时候主要就是这两个网站，也没有微博、微信这种东西，基本上主要靠社区，测试交流非常少。群也比较少，都是去社区上发个帖子，说我想组织一个什么样的活动。你想想现在，像TesterHome这种比较专业的细分网站，还有像Monkey经常组织的一些免费的测试沙龙，我觉得现在的测试人员比当年实在是幸福太多了。我们有时候实在没办法，只能硬着头皮看一些英文资料，像我英文比较差，也只能硬着头皮去英文网站看一些东西。

小兔： 你从一开始就做移动测试是吗？

Xin Zunxi： 我一开始先做了半年多的手机黑盒测试、UI测试，基本上就是写写用例，主要是测彩信、短信、设置之类。那时候手机功能也不像现在这么多，主要也就是测三星手机。再后来就是Symbian平台、Windows Mobile平台，不知道你听说过没有，有时候也测一些J2ME的小应用。

小兔： 那你做移动端测试也有很多年了，你是老早就看出来移动端是个趋势，以后一定会兴起，还是撞到了这样一个机会，所以就一直在移动端做下去？

Xin Zunxi： 我毕业那会儿找测试工作的时候，我们经理问我为什么找测试工作，我跟他说"我来北京兜里只有200块钱，没钱了，我要活着，啥工作也得做"。其实说白了，早年的很多测试都是稀里糊涂地由于各种意外原因入了这行，当时上学的时候基本没学过这些东西，我问过很多同龄人，基本上他们上学那会儿都不知道软件测试是啥。

小A： 这个确实是，软件测试这个概念在国内开始风靡那会儿，没记错的话，是我刚毕业的时候，我们学校的计算机专业要跟外面的一些企事业单位进行软件测试岗位的合作，一些相关的课程也慢慢开起来了，从我毕业的那会儿就有一些正规的概念开始灌输了。

Xin Zunxi： 早些年什么测试比较多呢？首先是网站测试，我2005年毕业，网站测试就很多了；再就是银行、保险这种大的项目，包括一些OA项目；然后还有手机测试，就是我当时选择的那个行业。当时我们团队有40人测一款手机，都是黑盒测试，就是测移动端的一些小应用，不像现在要测的东西很多，测试的手段也多。

小兔： 刚开始的手机测试，也不是测试智能机吧，很多是Java的一些小应用吗？

Xin Zunxi： 2005年的时候我做的还是号称公司里的第一款Linux平台的手机，当时也算是智能机。非智能机主要给非洲的兄弟们做，给他们加一个彩信就是比较好的高级的功能。国内那时候也已经有一些智能机了。

小A：我这次跳槽之后，接触测试方面的工作比较少，但是我本身还是很热爱这个行业的。我觉得国内行业里的人，也就是大家，要齐心协力才有测试行业更好的明天。

我比较赞同Xin Zunxi大哥讲的，拿测试行业来讲，我们现在所处的是一个非常好的时代，为什么这么讲呢？因为测试人员的发展道路比以前宽广，比如移动端就非常缺测试方面的人才。还有就像Xin Zunxi大哥刚才讲到的，包括Monkey在内的很多人，都在积极地为这个行业做贡献，包括创办社区、组织沙龙活动等。

回到个人话题上，我比较关心测试人员本身的职业发展，除了Xin Zunxi大哥提到的在学习曲线上要有自己的方法以外，对测试人员的职业发展有什么好的建议呢？

Xin Zunxi：我说说个人见解，不一定对。在中国目前这种情况下，一般来说，做管理比做普通员工肯定挣得多，所以很多测试人员基本上做几年后，都喜欢往测试经理发展，包括我自己也在做测试经理，就是走管理路线。我也觉得，在中国假如想要薪水拿得比较高，待遇比较好，建议走管理路线。但是，不是每个人都适合做管理。另外说句实话，当你工作时间长了之后，你会发现管理岗位比高级测试工程师岗位要少很多呢。比如在一家公司里，一般是一个测试总监带几个测试经理，这个比例对于中型公司来说已经不错了，但是高级测试工程师会有很多。从我个人角度来说，如果你想工资挣得比较多，那就做测试管理。如果你个人不适合做管理——由于个人性格原因，或者其他方面的原因——那么只能走测试专家这条路。走测试专家这条路比走测试管理这条路稍微苦一些，IT这个行业变化太快，就拿我自己来说，之前做Symbian，然后做Window Mobile、J2ME，后来又做Android，要不断地去学习，提高自己。因为如果你不学习不提高，很容易被IT圈子淘汰。而做管理就不会，只要把管理这套理论学得差不多就可以。

我觉得测试跟很多其他职业一样，基本就是技术和管理。我个人比较倾向于做技术性管理，我虽然做过一段时间管理，但那段时间我并没有把测试技术丢掉。搞技术的人都有个通病，包括开发也是，当他觉得自己的技术落后了，会有一种危机感，很多人转到管理之后，不怎么干活了，会有危机感。所以，如果要想自己没有危机感，就做一个技术性管理人才，我觉得比较好，这也是我努力的方向。因为我不太喜欢走纯管理路线，但是从挣钱的角度来说，我也不想和钱过不去而走纯专家路线。

小A： Xin Zunxi大哥确实是个实在的人，选择了一条比较折中的路。

Xin Zunxi： 比较喜欢中庸嘛，我觉得这样风险最小。

小兔： 但是如果要走技术性管理，还是要让自己不断学习。Xin Zunxi大哥，你也面试过很多人了，如果有人一直在做Web端测试，现在想转做移动端测试，你面试他的话会怎么看待？

Xin Zunxi： 首先我想问下他为什么想转向移动端，另外我会看下这个人，第一，工作时间长短；第二，这个人的学习能力。如果是他看到移动端比较火，好挣钱，就跑来做移动端，我觉得这种不是特别好。如果是他做了一段时间Web端测试，觉得自己更加喜欢移动端，我就会跟他讲做移动端需要具备什么样的能力。如果是来面试的，我就会说你需要具备什么样的能力。每个公司招人都有自己的要求，如果这个人比较符合我们公司要求，并且工作时间比较短、学习能力比较强的话，我可能也会要。但是如果工作时间已经很长了，我要的可能性比较不大，或者来了之后也是让他做他熟悉的工作。因为一个工作时间比较长的人转行的话，如果给的薪资太低了，人家肯定不愿意来，如果给的薪资太高了，又觉得对不起公司。

我自己之前也遇到过类似的情况，有次我去面试，有个朋友帮我投错简历了，给我投到Linux下的搜索测试。人家见面说的第一句话就问怎么让我来面试你啊，我看你的简历完全不合适。我问他让我干啥，我说你问的这些我啥也不会啊。后面我们说既然来了，那就聊吧。我们两个人差不多聊了一个多小时，后来他说要不你降工资来吧。我那时候已经工作四五年了，所以我说不合适。

估计很多人也面临跟我一样的问题，薪资待遇肯定也是考虑的方向。当你工作长了，转行其实是挺痛苦的，时间比较短的话转行还是来得及，但工作时间长了，要转去与原有经验不太相关的，比较麻烦。

我问下小A，你现在不做测试，是转行做什么了？

小A： 我从携程出来以后去了一家创业公司，现在专职做前端开发，主要是HTML5和JavaScript方向。

Xin Zunxi： 转开发挺好，在平时的测试过程中我听到很多人说：这开发不行，那个产品不咋地。我前段时间不是很忙，我也做了一段时间开发，还做过一段时间产品经理、PM，就是最近做的事情比较杂。后来我发现如果你觉得这个人的水平不行，等你自己做的时候，你会发现其实不一定是他水平不行，是由于各种不同的考虑。比如我前段时间画了一段时间UI，记得以前在测试过程中，我总说"你看这个UI画得特别不细"，等我画UI的时候，我就想"画成这样的UI，他们一看就能看明白，我画那么细干吗"。其实，我想说在测试的过程说别人不行的时候，我建议大家轮岗去试试、去看看。

不知道你最近做开发有什么心得？通过开发再看看测试，有什么体会？

小A： 我最近很有心得，很有一些想法想要吐槽下。刚才你说的那点我非常认同。最近我们有个HT5首页的优化项目，主要是我一个人负责的。我今天早上打开一看有十六七个bug挂在我名下，仔细看了下这些bug，都是关于文字显示之类的不太严重的bug。但是，遥想一下一年前自己做测试的时候，也会这样疯狂报bug。测试人员这个本性都是可以理解的，而现在我站在开发这个角度，再去听他们说的一些话的时候，就很感慨。当年我站在公司开发的面前，我会当着他的面说"你看，你怎么写得这么乱""这个字怎么弄得这么丑""你这个布局到底会不会"。这个段子充分说明，咱们这个行业真的是需要相互理解的。

只要听过小道消息的同学应该都知道，刚接手FM的时候，我跟小兔一起组织过一期节目，话题是关于测试工程师跟交互设计师的，互相理解还是非常重要的。

Xin Zunxi： 小兔有什么新观点吗？

小兔： 我对测试职位的思考可能没有你们这么深，但是也赞成要有同理心。而且我想建议开发、UI或者其他职位的人来体验下测试工作，让他们也知道测试工作大概是什么样子的。我们项目搞过一次bug的Find-it，就是全组人一起来找bug。那天结束的时候，有做开发的同事悄悄跟我说："你平时的工作就是这样子的啊？我今天只做了一天都快烦死了，一直对着同一个系统，觉得特别枯燥。"

Xin Zunxi大哥，你觉得测试是一个枯燥的工作吗？我认识的一些朋友，他们是做开发、PM或者UI，都会评价说"测试是一项比较枯燥的工作"，你怎么看呢？

Xin Zunxi：测试中有些工作是比较枯燥，比如最早我测手机的时候，领导说你测下充电口。就是拿一根线，插拔一万次，而且是手动插拔，手都快废了。

小兔：你也做过这种测试？我们的上一期嘉宾也有过类似的经历，他是做电信方面的偏硬件测试。

Xin Zunxi：是Sun（Sun是某一期的嘉宾）做过这种是吗？但是怎么说呢，测试工作中的有些东西确实是比较枯燥的，但是我觉得看你怎么做。我这两年比较推崇探索式测试，就是说你每次测试的时候都要融入一些不同的东西进去。就拿测同一个功能来说，这次你是这么测的，下次你对业务理解得更深了，肯定要加入一些新东西。我最不喜欢一直做重复的事情，也不太喜欢做外包，因为有人对我说外包就是天天执行用例。我比较反感对着同一批用例，执行无数遍。我觉得能自动化的尽量自动化，人至少比机器具有创造性，在做测试的过程中，一定要发挥人的创造性。千万不能这次这样测，下次还这样测，就会很枯燥了。估计很多开发做测试的时候，一开始就是按照用例去执行，我们之前也做过find-it，让开发来测试，他就会照着用例去执行，而且你让他多测一会儿，他就是翻过来调过去地测那几项。

小兔：我在之前公司是做保险产品的测试，那边比较资深的测试，我们写完用例让他们检查，他们会说"不用写用例，我测的时候从来不看用例"。

Xin Zunxi：其实我不太认同"从来不看用例"。我测试的时候，也基本上不怎么看用例，但是我测试完了会回头看下用例，会看下有没有漏的，我觉得用例是个查漏补缺的地方，并不是一点作用也没有。

小兔：刚刚你说的同一个用例会重复执行很多次，正是我现在工作的一部分，就是每周会有一个Regression Test（回归测试），差不多就是同样的用例每周执行一遍，所以我特别能体会你说的那些。如果每次做的时候真的完完全全按照用例去执行的话，感觉会疯掉的。

Xin Zunxi: 其实测试需要人员流动，让新人来执行下。

小兔: 而且需要心态好，要会自我调节。

Xin Zunxi: 做测试确实需要心态好，要会自我调节。

小A: 对这点，我发表下自己的看法。我个人算是比较幸运的，我大学毕业做第一份工作的时候遇到一位非常好的领导，将他带团队的一些经验在这里和大家分享下。他带团队就是遵循一个原则：看人。所谓的看人是什么意思呢？就是用人，用对人。他会看团队里这个人是什么样的一种性格，你比较适合做测试的哪方面的工作。

上次在上海这边做沙龙活动的时候，我在台上说过这样一个段子，手机测试行业谁最牛逼谁最火，下面基本没人回答，我说是"王自如"。我说这个段子是什么意思呢？测试其实就在我们身边，跟我们的生活息息相关，而且测试行业真的有一些比较有趣的事情，工作枯不枯燥完全取决于你自己怎么想，这条路你怎么走。

到目前为止我工作才两年，虽然工作时间不长，但是确实从工作中获得了一些成就感。我清楚地记得，第一份工作中为了给一个硬件测试场景做一个自动化的东西，我设计了一个小的算法。

测试行业这些东西我觉得还是在于个人的成长和意识，你如果把它看成一个工程化的东西，或者是非常有底蕴和技术含量的东西，它在你手里就是一个有趣的东西，甚至你可以为之做出一些贡献，多做一些付出。你看Monkey、恒温，包括我自己在内，在业余时间创办技术社区，分享一些博客文章，都是热爱这个行业的一种表现。凡是在这个行业里说测试工作枯燥无聊的，我个人觉得，可能是因为他还不是那么热爱这个行业。

Xin Zunxi: 还有可能是没找对方向。

小A: 我们把测试这份工作跟开发、设计这些所谓的creative的工作做个比较，开发是用键盘创造事件，那测试就是拯救这个事件，拯救二进制事件。从这个角度而言，人都比较喜欢做一些有创造力的事情，让你去写一个东西，开发出一个软件所带来的成就感可能会比测试来得高一点，但测试也可以做很多成果化的东西。我清楚地记得当年我们老大的邮件签名是：测试质量在未来五年成果化。

所以我觉得，假如你能把你的测试工作成果化，那你的成就就会慢慢来的。当然测试成果化包括很多方面啦，包括大家现在一直在聊的自动化，都算是其中的一个方面。

Xin Zunxi： 如果真能做到像你老大说的那样，我估计测试在公司的地位会极大地提高。测试群里经常有人说测试没有地位，其实我觉得有没有地位，不是说出来的，而是自己做出来的。你想让别人认同你，首先得是你做了什么，给这个团队带来了什么。如果没给这个团队带来任何东西，我觉得地位低也是正常的。

我一直记得小A刚才说的一句话，他提到了他第一份工作的老大，一开始参加工作就遇到一个很好的老大是一件很幸福的事情。

小兔： 你一开始遇到了吗？

Xin Zunxi： 我那时候年头太早了，不能说我老大不好，我老大那时也才工作一年，经验也不是特别丰富，我们当时40个人得有三十五六个人是刚毕业的，我们老大工作一年多，就算是老员工了。

小兔： 关于测试地位的问题，首先是测试工作不好量化，也比较难带来成就感。比如说做一个新项目，已经launch出去，有客户在用了，而且用得还不错，这时候会有庆祝的邮件发出来，夸赞PM、开发等人，说他们的工作做得好，但是可能经常会漏掉测试人员。但是如果万一这个产品真的出现严重的问题，大家会马上想到测试人员。我觉得这也可能是一个很重要的让大家觉得测试工作没有成就感的原因，怎么解决这个问题呢？

小A： 我始终觉得这个是大家思维模式的问题。我一直在强调，我希望大家，包括我自己，无论在哪个行业，都不能缺乏发散思维。其实测试这个行业也有很多能让你尽情地去发散、去思考的东西。刚才提到的"测试成果化"，乍听起来似乎比较高大上，似乎离我们比较遥远，其实成果化这个东西，你在日常工作中通过一点点努力就能做到。

举个例子，我之前在一家通信公司做产品测试，我们之前有一套专门测图像和音频的方法，这之前在业界都是没有的，我们当年的团队跟现在的一些数码评测团队做的事情非常接近，我们甚至想到办法对音频质量和图像质量的测试成果进行量化，包括当时还用到了MATLAB。当你把这些东西拿去跟领导讲，再通过你的领导向公司所有研发团队去展示的时候，就会非常有成就感。

可能大家都在讲工作枯燥无聊，甚至很多人都一直想转行，觉得测试没有技术含量，其实还是看你自己怎么去拓展这个思维。

Xin Zunxi： 其实怎么说呢，测试这个东西，就像之前小兔说的，如果你测试手段比较高明，测的东西一点问题也没有，就显示不出你的测试水平，但是可以考虑一些其他方面的东西。测试一般对业务比开发熟，拿我来说，我对每个客户端的各个功能都非常熟，但是开发只做一块，只对某一块熟。如果测试对业务熟，就要发挥出你对业务熟的优势，比方说在做UI评审的时候，在做需求评审的时候，因为对业务熟，能提出很多业务上不合理的地方。

拿我们公司来说，很多年前我们都是用eclipse直接出包，要往各个渠道放，就要打不同的渠道号。有个负责这个的开发就很悲催，我们经常对他说今天要打50个包，他就用eclipse编50个，而且那时候用Windows，有时候Android的包比较大，时间比较长，经常是编完50个包半天就过去了。后来我们这边来了个测试总监，水平挺高的，他把Jenkins搭上了，实际需求基本上做起来了，把后台的服务器上的自动部署也做起来，还有测试环境的搭建都由我们测试这边来做。

我觉得测试如果想要做出成绩来，还是脱离不了技术。你如果有好的技术，也可以做些自动化方面的测试。必须得先把技术学好，然后基于技术再去做其他的，应该也能体现出测试成果。做测试有时不要把测试成果局限于一个测试软件的成果，你可以把这个范围扩大下。比方我们经常说的测试用例，虽然刚才我们说"不怎么看用例"，实际上用例有时候还是很有用的。在人员流动比较大的情况下，其他部门的文档如果写得不好或者总结得不及时，但是如果测试用例总结得很及时，测试相关的文档写得非常好的话，也可以说是一份测试成果，以后也可以拿出来给新员工做培训，包括给开发看，甚至给业务看，给产品看，很多人都跟我们要过测试方面的文档。

小兔： 我还有个问题，我自己是个技术渣，我也认识很多像我这样的技术渣。我听到一个让我们比较胆战心惊的说法，"现在做测试如果想混下去的话，编代码是个基本技能"。Xin Zunxi大哥怎么看？不会编代码的测试真的不是一个好的QA？

Xin Zunxi: 我倒不这么认为，还是根据公司的产品来看。拿我们来说，做手机客户端的产品，还是懂些代码比较好，对测试很有帮助。我没做过，但是听别人聊过，如果是做银行、保险，还有移动的大的boss后台这些，如果业务水平特别高，其实比技术好拿的工资更高，或者说混得更好。

另外，我不知道你们的情况，我之前遇到的，有的测试他之前可能学的是其他专业，比如学法律的，非计算机行业的，如果让他强行学代码的话效果不会太好，这时候我建议扎扎实实地去看下测试理论，去学下测试用例的设计，包括测试管理方面的东西。我倒不建议非计算机专业，工作五六年了，七八年了，听到现在说"不会编代码的测试就不是一个好的QA"，你现在就去学代码，除非毅力特别大的人，大部分人还不如去好好学学测试理论，学学比如测试的分享分析，学些不需要代码的东西，应该效果会更好。

小A： 测试人员里面女生很多，我觉得女生更不用从代码、从逻辑思维非常强的东西入手，当然我没有鄙视女生做的意思。而是女生天生比男孩子细心，所以我觉得女生从一些用例设计和管理方面去入手，效果会更好。QA还有一个职业发展方向是比较有趣的，我上上家单位有些测试部的女生专门做QA数据分析的，包括做一些最终的数据呈现。有些对编程要求不是特别高的语言现在也诞生了。小兔回去可以好好地了解下这方面的东西。

小兔： 这是我们的福音啊。

Xin Zunxi： 我之前还有些测试同事转去做运营，运营对计算机上的技术要求应该没那么高。

小兔： 听了Xin Zunxi大哥的故事，我不禁感慨，是不是没有经历过一开始做手动插拔几千次测试的历程，以后都成不了大牛？比如上期嘉宾Sun，还有你，还有Monkey刚开始也不是很顺，总要经历过磨难，方可接受天降大任。

Xin Zunxi： 现在应该好一些了，那种手动插拔的测试估计现在应该能够实现自动化了，或者有些先进的设备来测了，当年确实比较弱。

小A： 说到自动化，我们今天可以简单地聊下。我们刚刚提到的这种硬件的拔插，硬件的自动化，据我所知，都是一些大的公司在做，它们有专门的实验室，比方说手机屏幕的频率振击，还有一些什么自由落体，我觉得这也是自动化的一种。

Xin Zunxi大哥，网秦那边移动端的自动化发展到什么程度，你能简单介绍下吗？

Xin Zunxi：我简单介绍下我们这边的自动化。现在是2014年，从2012年起我就想做自动化来着，当时就属于小兔说的那种技术渣，组里的其他人也基本都不会，而且业务非常忙。我自己学了学，大概了解了一下，发现做不起来。第一我没有时间，我曾经尝试过让开发帮忙做，找了一个跟我关系不错的开发，让他给我写了一套，你们可能听说过，就是阿里的TMTS，用这个做过一段时间，后来由于时间不足，或者说人员配备没到这个地步，以失败而告终。

后来我们再招人的时候，就专门招有代码经验的，虽然来了之后也是做黑盒，但是招的都是有代码经验的。从去年我们专门成立了一个自动化小组开始做自动化。目前来说，客户端我们没有用appium，是用robotium来做，因为我们是做安全的嘛，我们没有iOS产品，Android的我们就用robotium来做，后台有些接口和数据统计方面的是用Python做的。我们内部做了一个类似于调度的平台，比如自动化开发人员写完用例之后，对于代码了解不深的，你可以在上面勾下，比方说要执行哪些用例，一点就能执行。

基本上现在的成果就是这样。

小兔：我们已经录了一个小时了，非常感谢Xin Zunxi大哥陪我们录到这么晚，按照我们的惯例，要让嘉宾最后给我们总结下。在致结束语之前，Xin Zunxi大哥能不能再回答下讨论区里的一个提问？她说"她对技术也不太感兴趣，对产品体验比较有兴趣，不知道做哪方面比较好"，她有这么一个疑惑。

Xin Zunxi：如果你对产品体验感兴趣，你可以去做UI，如果是女孩的话。反正我们公司有很多UI设计师、交互设计师都是女孩。我觉得去做交互设计师比较好，这只是我个人觉得，我不太了解她的具体情况，只能大概推断下。

我觉得应该让旦夕（听众）再说下，他不是一直想说吗？

旦夕：刚才听了大家的谈话，最有印象的就是测试成果的问题。我做测试有一年左右的时间，曾经迷惘过，就是感觉成就感太低。这段时间我慢慢接触到自动化测试的一些东西。

自动化这块我们现在是用公司自己开发的一个框架，主要的脚本是用 Python写的，但是我Python语言才刚开始入门，想请教下Xin Zunxi大哥怎样有效率地学习实现脚本的运用。

Xin Zunxi: 你说的是你们公司的框架，我对这个框架不是很了解，再就是你说的学习语言的问题。Python我用过，但也不是特别熟，从我个人的角度来说，我觉得Python相对于C和Java应该更加简单。就像我刚才说的学Android一样，首先你可以去找本书，从头到尾快速地翻一遍，剩下的没办法，就是比较苦逼的了，首先要把书上各种例子都写写。另外，根据你们公司的现状，假如你们公司需要用Python做什么，就动手去写。代码这个东西我总感觉是写出来的，写得多了，写得久了，慢慢地水平就上来了。

记得之前有句话：要想成为一个专家，要花上一万个小时。有些东西必须靠时间堆出来，除非你是个天才，但是这种天才我基本上没见过。

另外，你说的自动化，正好小A也说了自动化，我就此说下自己的观点。现在很多测试人员都在学自动化。我有时感觉很多人虽然也学自动化，但不知道如何应用到工作中，纯粹是为了学习而学习。我倒是觉得应该先想好工作中哪些东西需要自动化了，再针对这些去学，不要看到今天网上介绍说robotium好，我就学robotium；明天看到说appium代表未来的发展方向，我就学学appium。其实还是应该从自己工作中出发，在工作中要能判断哪些地方需要自动化，哪种框架能适合于我们公司的自动化，这样学起来也更加快更加有针对性，而且在公司里当你做出一定的成果来，上面的领导也能看到。

小A，你有什么要补充的吗？

小A: 他刚才提到学习Python的事情，我从大学毕业到现在，比较专注的一门语言就是Python。

对于初学者，我推荐一种经典的学习方式，就是去买一些纸质的书。我不推荐去看琢磨鸟社区，因为琢磨鸟社区很久没人去维护了。测试人员以Python作为编程入口是一个非常不错的事情，因为你会发现Python的很多线程模块对测试模块的支持做得非常好。我们都知道，Python本身是运行在解释器里边的，可以完成Linux上的一些轻量级的脚本，所以它对测试工作是很有帮助的。有几本书推荐给旦夕，第一本是入门级强推的《Python

核心编程》，现在应该是第二版，这本书我建议你翻个一到两遍。另外一本是老外写的，这本书我不建议你现在看，可以先买着，是 *Python Cookbook*，即所谓的Python菜谱。我自己看过的就只有这两本，假如Python入门后，再回头去看 *Python Cookbook* 上的例子，会领悟到非常多的东西。

《简明教程》这个我不太推荐初学者看，如果一开始去看《简明教程》的话，会不太容易理解。

之前有很多朋友问我，想从Java系转到Python系，这两门语言其实是有非常本质的区别，Java系的我一般建议他们不要转成Python系，为什么呢？因为这两门语言实在是有太大的区别。就拿一个例子来讲，Python中没有多态的概念，但如果往深里了解的话，你会知道为什么Python中没有多态这个概念；还有Python中的魔法方法，以及其他一些特性，当你可以用Python写一些东西的时候，会自然而然解开你之前的好多疑惑。不同语言之间也有相通的部分，在熟悉了Python之后再去学Java，学C++，或者其他一些比较热门的语言，就会发现这个特点，但是需要一个慢慢积累实践的过程。

加油吧，我觉得大家都是在学习的阶段，我在Python方面也是菜鸟了，只是拿我自己的经历跟你分享下。

小兔： 年轻就是最好的资本，入行一年多就可以开始做这些东西，已经非常好了。

旦夕： 谢谢各位。

小兔： 群里还有人问APP性能测试的标准怎么定？比如说CPU占多少算不符合标准，Memory占多少算不符合标准？

Xin Zunxi： 我做的时候，没有一个死的标准。拿内存来说，同一款程序，在不同手机上占用的内存是不一样的。很多时候我们是跟竞争对手对比。首先占用的内存和CPU不能比竟品高，要说具体的标准比如说哪个APP不能超过多少，我这里没有具体的标准。

有一点要特别注意，就是千万不要有内存泄漏。

具体的标准我这里没有，肯定是每家公司自己去定义一套APP的固定的标准。我们做的话，首先跟竟品比，第二根据产品的类型，拿我们来说，比如说我们做安全类的，（程序）要在后台运行，比方说你要做桌面的，加载的图片比较多，占用的内存势必比一些小工具的要高，这是没有办法的事情，尽量优化，优化到最优。

小兔： 大家还有什么问题想问吗？不知不觉已经11点钟了，请Xin Zunxi大哥给我们做个结束语，谈下你对业界的希望，或者是打广告都是可以的。

Xin Zunxi： 从我的工作经验来看，现在的测试比前几年应该好多了。我们现在处在一个快速发展的时代，由于测试界发展比较快，对测试人员的要求越来越高，测试人员一定要保持不断学习的能力。我预测未来的测试会越来越专业化，在测试领域也会像开发一样进行细分，比如开发有前端开发或者后端；假如Android或者iOS都存在的话，测试人员可能会分成专业测Android或者专业测iOS的，这样专业化程度会更高。我说完了。

小兔： 这期小道消息到此结束了，再次感谢Xin Zunxi大哥带来如此特别的一期节目，感谢小A救场。

Xin Zunxi： 晚安，再见。

小A： 本期的小道消息到此结束，再见。

2015年关键数据

节目播放数	订阅用户数	节目分享数量	订阅用户地域分布
235439	1617	170	
总数：235439	总数：1617	总数：170	
赞的数量	**下载的数量**		
668	8693		
总数：668	总数：8693		

订阅用户性别比例

女:44%　　　　　　男:56%

2015年5月，我们迎来了新的主播妹子——小道消息新的owner~

这一年，有了这本《测试小道消息》
—— The End ——

7. 广义讨论测试外包（节选）

主持人：Monkey

嘉宾：国文，小兔

外包在软件行业由来已久，这一期的节目由两位奋斗在外包第一线的同学给大家晒一晒真实的外包生活，聊一聊他们眼中的外包。

友情提示：国文是一位在外包岗位战斗了7年的老兵，详述外包的"黑历史"非他莫属。

国文： 大家好，我是国文。

Monkey： 你的介绍也太简单了，就没有什么八卦自曝一下？

国文： 没有没有。

Monkey： 这个对不起你那么萌的声音啊，那么另外一位同学也来自我介绍一下。

小兔： 大家好，身边的人都叫我陈小兔。我和国文是同事，如果大家想知道国文的八卦可以来问我。

Monkey： 今天的两位嘉宾都来自Google，而且Google最近在招FTE（Full Time Employee），有兴趣的同学可以找他们推荐一下。言归正传，按照我们之前的预告，我们今天吐槽的point在外包。节目的第一阶段是"扫盲"，因为听众里边可能有人不知道外包是什么。国文你作为长久外包老大，来给我们介绍一下外包是什么。

国文：我怎么变成长久的老大了？我想很多人应该都听说过外包，特别是在测试领域——应该说外包对测试行业还是有一定的推动作用。我个人理解，外包主要分为三大块，一块是对欧美外包，然后是对日外包，最后就是我们国内电子政务这一块的外包。

Monkey：扫盲结束，你们觉得在公司里外包员工和正式员工有比较大的差别吗？待遇我们就不谈了，平时的工作内容和其他方面有没有明显的差异。

小兔：我觉得差别蛮大的。从我去的时候开始说，我们这些外包过来的都是做手工测试，比较少有机会接触代码或者自动化测试之类的。这些是工作内容方面的，其他方面也会跟正式员工之间有区别，刚去的时候会不适应，有点待在别人地盘的感觉。

Monkey：这些会不会给你们带来一些困扰？

小兔：我一进公司的时候就已经是那个样子了，所以也说不上会有困扰。我想到一些具体的事情，比如team里的一些活动，外包员工就不可以参加——平常工作的时候大家都是同事，这个时候就突然感觉自己跟他们并不是同事。

Monkey：怎么理解突然就不是同事了？

小兔：就是突然跟他们就不一样了。这个也不能说是公司的不对，因为从严格意义上说他们相当于我们本公司的客户，我们只是到客户那边去工作而已——我们相当于外包公司卖的产品。

Monkey：对于你如此客观真实的认识，我表示非常喜欢。虽然咱们是外包的，也不管在公司是受到正面的还是负面的对待，咱们都要客观地看待，不能太过于悲观也不能太过于乐观。

小兔：是的。

Monkey：那么国文呢？你外包在Google的年头比较长，老油条有什么想法？

国文：我这边的感觉是，在工作上区别不是非常大。因为权限的问题，小兔接触代码少一些；我做的产品比较多，是有接触代码的机会的，所以能否接触代码基本上是一个权限分配的问题。大家可能都看过Google怎么测试这一本书，市面上有出售。一般来说Google测试的团队都比较小，要求的独立性都比较强，在Google这边的测试工程师比较少是刚毕业的，需要的都是有工作经验的。因为开发可能很多是从应届生招过来的，他是一张白纸，代码能力很强，但是对工程的一些理解上还需要加强，于是就需要测试来推动整个流程。关于测试工作的内容，和所做的产品不同也有一些关系。比如在做搜索这个项目的时候，我一个人负责了一整块产品，跟开发的沟通就更紧密，如果是多个测试的话，可能会有一些分配，分配之后不同测试的任务可能就会有一些区别。

Monkey： 那么我们外包在Google这边的测试工程师，都是做手工测试的吗？还是手工和自动化测试都有做？

国文： 看产品，目前我们做的这个主要是手工测试。因为它是一个新开发的项目，像我之前做过的一个搜索和一个广告平台的项目，都有做自动化的工作。比如说在搜索那个项目，就会做一些UI的自动化。其实在2008年我们这边就开始用selenium这一块了，而在广告平台的项目我们就开始注重API的测试了。

Monkey： 好的，所以相对来讲还是会接触到一部分非手工的测试。能透露目前有多少人外包在Google做测试工作吗？

国文： 10个人不到。

Monkey： 果然人数还是相对比较少的。什么时候招人的话可以告知大家，对吧？大家一大波僵尸正在涌入。

国文： 在前面一期，不是有公告过，我们需要招一个测试开发的正式员工，他需要有4年的工作经验，然后对代码、对测试框架有很好的了解。

小兔： 我们最近不是也在招一个外包的测试嘛，如果愿意做外包的话可以来试试。

Monkey： 是software tester engineer，还是硬件的？

国文： software，软件的。跟我和小兔做同一个项目。

Monkey： 靠谱啊，国文速度说说，有什么要求？

国文： 没有算法要求，主要是对数据的敏感度。因为他所负责的测试模块是有涉及算钱的。

Monkey： 你看，听说今天的嘉宾有Google的妹子，现场听众特别多啊。讨论区有人在问：外包和正式要求有什么区别？

小兔： 我所知道的在招外包和正式员工的要求上面，外包会低一点。比如说对外包人员的coding能力要求没那么高。我面试的时候要求能看懂，当然coding能力高的话就更好了。还有面试前本来以为会对英语要求比较高，但是并没有进行英语相关的面试。这些是几年前我碰见的情况，不知道现在会是什么样子。

Monkey： 听说如果面试正式员工的话，英语是一个硬性的条件？

国文： 并不是这样，因为即使你英语不是非常好，但是公司相信能成为正式员工，你的英语也不会很差。而且公司里会有英语老师专门给正式员工培训的。

Monkey： 我是听说他们会有英语面试这一轮，但是不知道占的比重是多少？

国文： 不会很大，大概正规四轮里面会有一轮吧。

Monkey： 那还是有硬性要求的，比如说口语太差，也没法过面试嘛。除了刚刚说的那些，你们对于Google的外包还有什么需要介绍的吗？

国文： 其他没有，更多的我们以后再讲，今天我们来讲一些广义的外包好了。

Monkey： 所以我们可以期待下一期我们会有一个Google外包测试之道，是这个意思吗？

国文： 不是，我可能会讲讲Google的故事。因为不少人可能一听到Google就很吃惊，会觉得Google不是退出中国了吗？每次我都要和别人解释一下，我们域名换了一下，人员都还在。

Monkey： 那么接下来我们让国文展现一下他吐槽的能力，我们可以进入第二个部分了。国文你是收集了一些别人的槽，还是你自己有什么槽要吐？

国文： 在吐槽之前，我还是要给外包一些正能量的说明。最开始其实是一些大公司的职员，应该说是高管，他发现大的公司里面资源不够，人员不够，会有一些临时的任务，于是在拿到这些任务之后他就去外面成立了一些公司来接这个大公司的单，最早的外包大概就这样出现了。那外包对行业有什么推动呢？在2008年这个分界线之前，就是通货膨胀猛增之前，我们可以看到其实外包测试的薪水应该来说比国内一般的软件公司的薪水都要高，可能在大企业的外包测试人员的工资有6000以上，而在一般的特别是民营企业的小公司里面正式员工的起薪也就两三千，大概就是这种差距。

Monkey： 不过我听说，外包的工资虽然高，但是有些外包公司（名字就不透露了）作为甲方，会克扣外包出去的员工的薪水，会有这种事吗？

国文： 有，我们后面比如说要吐槽的时候再慢慢讲。我们接着说促进作用，第二个促进作用就是，有些人可以把外包公司作为一个踏板，比如在类似HP、微软这些公司，做了几年外包之后情况好的话，可以转正。因为这些人可能刚开始能力不足，没法直接面进HP、微软这些大公司做正式员工，那有了外包公司这个踏板就多了进入这些公司的机会。

Monkey： 相当于说外包其实门槛比较低，是这样嘛？

国文： 其实在外包行业发展的初期，门槛并不低。首先外包最早的时候是通过人脉关系发展起来的，那就是说你在一个大公司里面干过高管，又自己出去开了公司，然后找了一些人，来接这些大公司的活，那就要大公司信任你这个人或者你的团队才会把这一份活包给你，对吧？这是刚开始的情况，之后随着IT业的发展，对人员的需求不断地增大，那这个时候出现什么情况了呢？我们可以吐槽一下。第一个就是培训机构的出现，是什么培训机构我们就不说了，懂的人都懂；第二个是有一个认证CMMI，大家都看好外包这个行业，那各种乱七八糟的小公司就出现了，然后通过各种人际关系，特别是在国内，去拿外包的项目。面对这么多参差不齐的外包公司，需要外包员工的大公司就头痛了，要有一些认证来区分，那CMMI就被发现了，成为外包公司能否进入大公司候选清单的门槛。

Monkey： 我有两个问题，一个是，就你的感受，外包人员的技术质量是不是一年一年在降低？第二个是，说到CMMI，我不由得想问，这个认证真的在企业里那么有效？

国文： 没有效。华为的人说自己公司已经是CMMI5了，但是他的人有没有CMMI5的水平，那我就不知道了。也就是说要过CMMI5其实不难，因为它其实不是说整个公司全部要CMMI5，他过的时候是通过挑选一两个项目通过的。那在这里我还要爆料一下，通过CMMI其实也是个生财之道。比如在上海，如果要通过，是要给上海评测中心钱的，但是政府会给企业补贴，比如60W之类。所以更加刺激了外包公司去通过这个认证。

Monkey： 好的，所以外包的质量越来越低，这一点你们俩都同意吗？

小兔： 我表示同意。

8. 技术篇——快钱之webdriver

主持人：Monkey，恒温

嘉宾：Lily

本期是测试小道消息技术篇的第一章。我们请来了快钱的一个测试妹子来介绍webdriver和selenium，为让大家熟悉appium做个铺垫。以后的节目里，我们会给大家带来更多的技术小道消息。

（苏打绿的音乐开场）

恒温： 我的每一首歌都是来自苏打绿的，如果50首歌都放完的话我们的节目就结束了，不信话我现在只用了一首苏打绿的电子音乐作为今天欢快的开场。今天我们请来了快钱的测试开发Lily同学，我们俩曾经在同一家公司任职，后来这家公司倒闭了，所以我们就分道扬镳了。Lily同学去了快钱，我去了阿里。我们先请Lily来做个自我介绍吧。

Lily： 大家好，我是Lily。现在在快钱任职测试开发工程师。然后，先介绍一下快钱，有的同学可能不知道这家公司。快钱是提供金融互联网的第三方支付服务，可以说它是把阿里当成竞争对手，但是大家懂得（可能阿里不屑于把它当对手）。然后顺便发一则招聘启示，最近快钱在寻找一些做测试自动化的小伙伴们加入，如果大家有兴趣的话，欢迎来投简历。

恒温： 我知道Monkey在某大型金融互联网公司，不知道Monkey对快钱有没有了解呢？

Monkey：这个我就不方便评论了，但是为了表示尊敬对手，我也要说一下，我们也在招小伙伴。其实大约是前年年底的时候，我去过快钱，在他们上海这边的办公室逛了一圈，然后跟他们的一个产品经理聊了一下，但是那个时候我毕竟不怎么了解业务，所以就随便聊了一下。

恒温：那你是去面试还是去交流的呢？

Monkey：不是面试，是交流，因为我知道自己面不进的。

恒温：因为Lily的邀请，我倒是去面试过。他们当时的主管是一个偏管理的人，他需要一个技术的辅助，所以他就面了我好多好多关于自动化的问题。他比较常用的一个口头语就是"我也是做自动化的"。

Monkey：然后你没进吗？

恒温：没进，因为被他们的那个总监给卡住了。

Monkey：Lily你要记得把这期节目给你们总监听一下。

Lily：恒温的运气不好，他去面试的时候是那个总监在公司的最后一天，那个总监下午3点就离职了，然后两点面的恒温。

恒温：其实那个总监是最后拯救我一把，他不想我堕入快钱这个深坑。

恒温：大家知道，Monkey今天回来得比较晚，Monkey前两天是在南京参加一个会议对吗？

Monkey：对，对，对。

恒温：那我们先请Monkey给大家分享一下这次的南京之行吧。

Monkey：每次别人要我分享的时候，我都想问一下，你们是想让我说实话呢，还是不想让我说实话呢？

恒温：我们是深夜节目，当然是实话了。

Monkey： 这个活动是有录视频的，之后大家关注TesterHome，或者关注我这边（微信或者微博），都可以知道我在现场的状态。这个活动说实话有那么点湿，总共是有三个topic，我这边是讲移动互联网的。在开始演讲之前我就会惯性地问——现场有多少人是做过移动客户端测试的？然后整个现场居然只有两个人举手。但是参会者里有个人让我比较惊讶，他在现场问了我问题，并且提到了BDD和calabash；会议结束了之后，他又和我深入讨论了下BDD和calabash。不过重点是这个人并不是一个engineer，而是一个大学老师，是南京那边某一个大学的老师——这点让我很欣慰！

恒温： 从你微信分享的南京之行的东西上来看，一个是华为，一个是SAT，那边有多少类似快钱这样的IT企业，就是南京的互联网行业到底发达不发达？

Monkey： 说到华为，我对自己没文化感觉到太可怕了，在软件大道和那个花神大道那边看到他们牌子的时候，我心想"华马华马，这是个神马公司"——回来后我还跟我老婆说起来，然后我再一看，这不是华为的标志吗！原来这个字读[wéi]。

软件大道那一条街，说实话还是很牛逼的，有点上海这边张江的感觉。那条街左右两边都是各种各样的公司。今天中午我是和南京快钱的老郑一起吃了午饭，吃完之后和他一起吐槽了一下午。

Lily： 真的呀？

Monkey： 对，也算和快钱有点渊源。

恒温： Lily和老郑这位老前辈有没有沟通过？

Lily： 可能在QQ里边沟通过。然后我刚进快钱不久的时候，他从南京过来上海，好像远远地望了一面。印象中他是个很牛气而且挺高调的一个人。

Monkey： 我今天算是帮你鄙视了他一下，因为今天我一直在和他说"注意啊，你年龄大了，我们现在移动互联网不需要年龄大的。"

恒温： 其实快钱也不需要年龄大的人吧？

Lily： 也不是啊，他能力蛮强的，不能只看年龄啦。

恒温： 上次跟我们老大聊天，然后聊到阿里员工的平均年龄好像24岁。

Lily： 那你们岂不是拖了老后腿了？

Monkey： 也还好啊，幸亏我这里不是这样子。

恒温： Monkey本来就年轻嘛，哪像我们那个团队，我真的是没法和他们沟通交流，基本上就只能聊聊工作的事情，团队里大部分人都是90后的。

Monkey： 有代沟啊。

恒温： 就是聊起来的话题完全不一样。前面讲到移动互联网行业需要年轻人，那我想了解下，就是快钱里面工作的制度和加班的情况。

Lily： 加班肯定是有的，我觉得还是蛮苦的。然后其他的话，面试的第一条肯定是看这个人的态度，对加班的一个态度，但是也不会一周加个三五天的那种，可能就是一两天。因为快钱这边是每周三上线，相当于一周一个构建。而且大家知道做我们这种业务的话，比如POS机、商场刷卡之类，正常的时间里大家都在用，所以我们上线只能在大家不用的时候，那就是下班之后了。能接受这种工作安排好像也是来快钱工作的首要条件吧。

Monkey： 你是上海这边快钱吗？

Lily： 对。上海快钱。

Monkey： 我认识的有个人之前在上海快钱，后来跳槽去了平安。

Lily： 对的，从快钱出去的话，基本上是往互联网金融方面发展。有去汇付天下之类的，好的话就是去某大型金融互联网公司。

恒温： Monkey听到没？她把好的定为某大型金融互联网公司。

Monkey： 对，对。我突然有种优越感怎么办？

Lily： 的确是啊。

恒温： 我有了解过，南京的快钱和上海的快钱，在福利待遇方面实际上不太一样。不知道

Monkey是不是也听说过这个消息，而且，刚才的南京之行还没有讲完呢。

Monkey： 南京这边给我的反馈是这样子的，他说，南京这边做IT，不管怎么做都是不可能超过1万的。

恒温： 包括开发吗？

Monkey： 我不知道包不包括，假设只包括测试吧。然后还有听说，南京这边有土豪公司，土豪公司是什么呢？就是假设在A公司拿5000块钱，跳到土豪公司后马上就拿两万五。然后每年涨两次薪水，每次涨幅25%。

恒温： 能爆一下这种土豪公司的名字吗？

Monkey： 我忘记了，算了，还是不要爆了。

恒温： 那这种公司太吸引人了，有意向去南京的人可以去那边看看有没有这样的机会。

Monkey： 对。

恒温： 那Monkey你在南京分享的这次话题是什么？

Monkey： 这次演讲跟之前在上海的差不多，但是加了一些安全方面的东西在Android测试里面。然后讲了一下持续集成，多版本兼容这些，主要是看如何提供一个解决方案把这些东西做成一个全自动化流程。因为做相关工作的人不是很多，下面的听众只有一个前天在QQ上聊过的妹子我认识，剩下的我觉得他们好像都不是做移动互联网的，所以讲了也没什么反馈。

恒温： 你可以跟大家说一下其他人的话题吗？

Monkey： 其他人的话题是这样子的，第一个演讲者的话题是Web的安全测试，但是个人感觉讲得有点浅。然后我想吐槽的一点是，他所有的例子是从乌云上拿的，你说你又不是乌云出来的，你拿这些例子干嘛呢？第二个人讲的东西从topic（主题）上来说，有那么点湿——大概是论软件测试的发展。从我个人角度来讲，毕竟他们比我年长很多，因此我首先还是尊重他们的，但是他们只看到自己所在的一部分，并没有看到外面很多不同的情况，所以我不是非常认同他们的部分观点。

恒温：这个应该是属于传统和我们这种新兴的一个冲突；他们也是好的，我们也是好的，大家都是好的——我觉得是这样子的。

Monkey：是的，而且我今天毕竟是受邀过去的，不能太不给面子。如果是在上海本地的话，我肯定是要把他们吐得一塌糊涂。

恒温：你从南京回来的话大概需要多长时间呢？

Monkey：说到去南京的行程，有个槽是要吐的——我在途牛上订了房间，之前收到短信说预留到9点，可是我到了汉庭之后，酒店那边说预订客户中没有你这个人；然后我说那你帮我查一下订单号，结果没有这个订单；于是我又说你帮我查一下手机号，结果也没有我的手机号，最后我真的是无语了。酒店那边又遇到一个人说，类似这个事情途牛已经发生第二次了，他们已经习以为常了。其实正常来讲，途牛只帮你保存到6点钟，6点之后就自动取消订单了。

恒温：你知道途牛为什么会这样吗？

Monkey：不知道哎。

恒温：好的，言归正传，今天我们是想做一期技术的，是关于webdriver，算是selenium 2.0吧，不知道现场的听众有没有听过或者用过这个东西。我知道Lily最早进入快钱是做的webdriver这一块，要不Lily给大家介绍一下？

嘉宾Lily：好的。我刚接触selenium的时候，就是从webdriver开始的，对selenium RC不是很了解。个人感觉，webdriver入门不算困难。毕竟它封装了很多实用的方法，那么我们直接引入service进行使用就可以了。如果是做UI自动化这一块，应该难点不是很多。像我的话，是先从Java开始入手的，然后了解了Cucumber和ruby的一个框架，还有robotframework的一个框架。对于有一定代码基础的人，入门Java还是比较快的，其实只要掌握了一种框架，其他的都不难。我在这里简单说一下webdriver具体的实现方法，它其实就是在HTML里面获取各种元素，然后参照手工跑case（测试用例）的流程，比如说点击页面上的某个button，就是在模拟手工测试，这样有一个好处是比较接近客户真实的使用场景。对于获取元素的方法主要有by_calss、by_id、by_name，用得多一点可能就是by_xpath；然后就是把这些用到webdriver里边，调用它一些现有的方法，比如click、sendkey这些，再加上自己的逻辑判断，比如说你的case应该是except什么result，你实际的result加上你自己逻辑判断这些就会用到Junit、Testng。

恒温： 刚才Lily讲了她自己对webdriver和selenium的一些理解，我也简单说下selenium的前世今生。

selenium诞生于2004年，我接触selenium的时候是2008年，而2004年到2008年的这段时间，selenium似乎是一点发展都没有。大家都知道selenium分为三部分，一个是selenium IDE、一个是selenium RC、然后是后来才有的webdriver2.0，再后来又有了Grid——就是一个集群的概念。我记得我是2008年的时候开始使用的，那个时候只是用IDE录制一个HTML脚本，那个时候IDE只是一个比较弱的工具，它只能录制一个HTML的format，比如说click button，它录出来的就是一个table，然后action、result。我不知道大家有没有听过fitness，它是一个集成测试框架。selemium最早的作者是Jason Huggins——当时在ThoughtWorks工作，他是受fitness框架的启发写了一套基于JavaScript的东西，因为有很多浏览器，而所有的浏览器都会用JavaScript，这样就实现了跨平台的一个功能。但是，他把这个东西做出来之后，一开始用的人不太多，早年的话大企业才会做自动化测试，而大企业做的话一般都会用QTP——我知道很多人肯定都听过QTP这个东西，这是惠普的一个工具，应该卖得很贵，我自己没有用过，所以不知道到底卖多少钱。到了2006、2007年，正是互联网浪潮的时候，很多小企业小团体起来了，它们要做这种测试，就是HTML迭代更新很快，要是手工测试的话太浪费时间，要是买QTP来用那不如把我这个团队卖了吧，因为我只有那么点钱。所以各种开源的工具应运而生，我当时也是在一个小的创业公司，我们用的都是开源的东西。和loadrunner对比的就是Jmeter，Jmeter和selenium同时出现，那时候就两个工具都用。那段时间其实也是自动化测试发展的一个过程吧，大概就是在那时候开始火热起来的。

我和Lily相识差不多是三四年前吧，我们共同就职于一家叫上海志勇科技的公司，我们做的也是Web端的应用，所以使用了webdriver这个东西，刚才Lily也讲了她自己接触selenium的一个过程，那么请问Lily你对编程语言的理解是怎样的？一开始就会，还是怎样，然后你花了多长时间来掌握这些语言和框架呢？

Lily： 刚开始接触自动化的时候，我已经把大学里学的东西忘得差不多了，我基本上也是从零开始学Java，大概花三四个月的时间就差不多了。

恒温： 就是三四个月学懂Java的东西吗？那是要做一些项目，还是怎样？

Lily： 如果公司里已经有一些脚本的话，那就把每一个case都跑一遍，一步一步去debug，这样可以了解得更深入一些，对整个框架也会了解更好——这个是在已有脚本的基础上；如果是从零开始的话，当然会难一点，可能自己要自学很多，要去找资料，至少是从搭框架开始。

Monkey： 这是在说selenium吗？

恒温： 对，在说selenium。据我了解Lily在最早接触自动化的时候，对编程语言实际上也不是很精通，就是说使用起来也是比较吃力的。

Lily： 是的，其实刚开始我连eclipse怎么调试都不熟。

Monkey： 其实我现在还不熟。

恒温： 所以我们今天的话题是一个完全不懂自动化的人怎么进入自动化。

Monkey： 不是一个完全不懂webdriver的人怎么进入webdriver吗？

恒温： webdriver到现在为止还没有讲到，现在还是在讲selenium RC这一块。大家用selenium的时候还是需要去学习一下selenium IDE的，因为IDE目前已经非常成熟，它可以把你录制的脚本全部转换为你想要的编程语言，例如ruby、python或者Java，然后你在一个case跑一遍，再整理一下就好了。其实不管是selenium RC，还是selenium webdriver，考验的都是测试的设计模式这样一个概念，就是说，如何让你的代码复用性、解耦性高，维护起来的话会很方便。关于这个，我想请Lily给我们讲一下，例如你经历过的模式之类的。

Lily： 我最近遇到的一个状况是，每个case单个运行都是没问题的，但是在把它们放到Jenkins或者是整个group开始跑的时候，就会很不稳定，并且每次跑出的结果会不一样。 我找了两天才发现原因，就是每一个case里面会引入一个公用的service，一个class，然后我用完了之后没有及时释放，在下一个case里面又没有再new一下。所以还是要有一定的编程基础的，像我这种菜鸟花了两天时间才定位到问题。

恒温： 看到群里面有人问，selenium RC是啥？我来简单解释下。

最早出现的是selenium RC、IDE， IDE最开始转出来的是HTML文件，比如说有150个case，那就有150个 HTML文件，比较难维护。如果页面更改了，就要重新录一遍。这时候就出现了一个selenium Core，这个Core的话有一个JavaScript的核心， 我们起一个selenium server，通过这个server来调JavaScript，然后再去操作dom。其实最早期的selenium RC调JavaScript的操作并不是一个浏览器行为，可以说是在测JavaScript，不是在测真正的浏览器行为。这就是webdriver出现之后会把selenium RC整个丢弃掉的原因，因为webdriver是一个真正的浏览器行为。

有个同学说webdriver对编程的要求不高，这个也不是绝对的。很多公司对webdriver都有自己的封装，它封装这个有自己很强悍的逻辑， 要写一两个sample真的很容易，但是如果要做成一个庞大的容易维护的能适合很多业务逻辑的框架，的确有比较大的难度。所以到目前为止，各大公司还是花了很多的人力甚至是物力在这上面。据我所知，快钱也是如此。

Lily： 对的，现在有一个很大的框架，专门成立了一个技术小组，他们去开发一个适用于我们所有QA的一个大框架。即便如此， 每周三上线之前要run的UI脚本，也不是很稳定。 UI自动化还是有蛮大坑的，能用接口测试的话就尽量不要用UI了。

恒温： 从目前整个传统互联网行业来看，UI测试是必不可少的，业内都是在推UI测试。API测试的确必不可少，但是为什么这么看重UI？ 一个是UI的改动的确很大，另一个是UI是面对工作量大的地方，如果一个个手动操作真的会占用很多人力，自动化可以帮不少忙。UI的不稳定性，主要是因为浏览器的行为，比如说js或者dom的渲染，这种速度都是不定的，所以这就需要你的脚本适应性非常好，例如加一些等待，加一些判断，以及轮循之类的。

有些公司是用sprint，一个sprint一个sprint地出迭代版本，第二个版本相比第一个版本可能变了很多，在逻辑或者UI方面，都会变掉，比如说节点的id变掉，class变掉，那怎么办？这个时候就会考验你的另外一个能力——解耦能力。就是如何设计你的测试用例或者如何设计你的脚本的结构。现在webdriver在推一个page object模式，我们很多时候都是把页面相关的东西放在page object里面，把验证相关的东西放在test case里面。Lily应该接触过很多，要不要给大家介绍一下？

Lily： 就是像恒温之前介绍的那样，page object就是将测试对象及单个的测试步骤封装在每个page对象中，以page为单位进行管理。对于刚刚说到的class会变掉，id会变掉的问题，就不需要一个文件一个文件去找所有这些属性的改动，脚本便于维护。

刚刚国文问到快钱的UI自动化测试百分比，关于这个主要是由业务类型决定，比如说纯是poskey我们做接口测试比较多。现在的宗旨是——能用接口测试的话就不做UI自动化，因为UI真的是太让人头疼了。我曾经跑过一个UI自动化脚本，跑了整个晚上，完了之后还有很多失败。每次遇到这种情况，我们的解决方法就是不停地跑不停地跑，因为我们知道脚本是没有问题的，只是环境或者网络可能有各种问题。就是这样不停地跑，一次一次地接近终点——百分之百通过，UI自动化真的很伤人。

恒温： 出现这种状况其实是因为你们的脚本里有flaky（不稳定）的东西。我记得instruments test case 里是有flaky的参数吧，就是retry的参数——Monkey，我说得对不对？就是安卓测试的测试用例里面好像有一个option叫flaky test，能够设置retry次数，失败之后可以多次尝试，直到容忍度足够好。

Monkey： 其实我觉得try多少次不是太大的问题，我有个疑问，在什么情况下可以确定是环境和其他问题而不是脚本本身的问题？

Lily： 那就是，我们这一次run会过，下一次run会不过，是看结果来说话的。而且可能在执行的过程中，我已经成功地看见button被点到了——因为如果点到了，可以发现button的边框变成虚线的那种——然而没有弹出下一个窗口；可能再跑一遍case的话，它这边就过了。所以我们觉得脚本本身应该没有问题。

Monkey： 好吧，反正我也不是非常熟悉这方面的东西。

恒温：其实就是一个成功率，对吧？但是flaky的case应该会有专门的处理，截图也是个好办法。

Lily：那我们要截死了，估计机器都要卡死了。

恒温：这种情况的话，我觉得应该算是脚本容错性的问题。解决的方法，一个是可以增加等待时间，一个是可以增加轮循时间，或者加一个retrytime，就是说你可以在你的方法上，你是Junit嘛，你可以自定义一个annotation，然后叫flaky等于几啊，然后就设一个容忍的次数，比如说我试5次它没有过，那就fail这个case。

Lily：好的，这个可以尝试一下，那这个就说我一遍跑不过，那5次之内跑过那就是算过，是这个意思吗？

恒温：对，因为如果要全部重跑那真是太伤了，所以我觉得在用例层做一些尝试会比较好。前面有同学说到，感觉这个PO不是很理想，我个人感受是，特别是在ajax非常多的情况下——就是步骤操作非常多，比如说页面上有七八个ajax操作，然后每一个操作都会对dom产生影响，那一个页面的话就会延伸出七八个页面，那你的page object就会无限地扩张，这样感觉真的不是很好；另外一个，特别是page fetch也是延迟加载，有时候怎么都加载不上来。所以说自动化测试真的没有赢，而page object只是提供了一个很好的封装而已，它也是一个经验吧，可以解决很多需求上的改进。比如说你需求变更得很快，那我只要维护page object就可以了，不需要去维护我的测试用例。

其实我和Lily最早接触的虽然是webdriver，但是我们接触的是另外一个框架Cucumber+webdriver，我想请Lily给我们讲一下Cucumber的使用情况。Cucumber大约是前年才出来的一个概念，它一出来我们就用上了，所以Lily对这方面的体验应该会比较深刻。

Lily：在学习Cucumber和ruby方面，我觉得自己就是一个入门级的小学生，它让我感受最深的就是BDD这么一个概念。我们可以看到Cucumber里面所有的case都是放到一个feature类型的文件里面，你可以看到case就是普通的文本，读这些文本会很容易知道，所有的脚本在测试什么，检查点是什么。这个比读用Junit写的脚本容易得多；后面就用到ruby的编程，再加上webdriver，就没有很大特点了——感受最深的还是BDD的概念。

恒温： BDD概念的话，在ruby rails这个项目是被用得最多的。首先，会写rspek，rails的rsback相当于Java里边的Junit，它会对model、view、control都做一些测试，这个就是Junit；而Cucumber就类似于验收测试，就是传统的Acceptance test。我们当时有两个项目，第一个开始用的是Cucumber，后来转为webdriver。因为对于ruby这个语言，Lily和其他同事都不是很熟，对Java的接受度更强一点，所以转为Java；另外一个项目我们全程都实现了BDD的过程，那段时间代码的质量真的还是蛮高的，而且我们把这个BDD用进了一个持续集成的环境中，那整个持续集成的环境都是Lily搭建的，所以一会儿我们请Lily讲一下持续集成这个东西。

我们当时跑这些自动化测试框架的话，做得最多的一件事情就是data seek——要准备一些测试数据。Ruby里面提供了一个非常好的工具，叫factory girl，就是工厂女孩；还有一个是pickle，Cucumber叫黄瓜，pickle叫腌黄瓜，就是腌制的黄瓜——专门为Cucumber生成了一些测试的数据，所以那个时候我们用起来都是非常得心应手，包括后面的持续集成。那Lily给我们讲一下持续集成吧。

Lily： 我们当初选择jenkins做持续集成，一方面是因为他们的官网上有比较详细的教程和步骤，并且可以设置邮件通知。具体是这样子的， 我们做持续集成的一个构建命令中会用到一些shell脚本，对于每一个job的构建，我们在after这些构建的时候会设置一个邮件的通知，这些在jenkins里边都是有插件的 。最主要的是我们在构建的时候，没有很多的机器，我们会选择一个作为奴隶机器，设置一些节点，那怎么来连接这些机器呢？jenkins提供的方式应该是三种，Windows上面的话很简单，应该是启动一个slave server；连接Linux和Mac的时候是ssh——前提是要配置好。你要构建的测试脚本工程肯定是在自己的svn上面的，第一步你要配好是去哪个svn、github上拉代码，然后去进行Junit的测试。有些命令会写在那个job的任务里，它会按照你shell脚本的命令去构建，并且生成email通知到每一位，比如说刚刚拉过代码的人。这样就可以确保每次build的成功或失败大家都能够知道。也可以设置定时任务，让恒温来补充一下吧，我有点忘记了。

恒温： 我们用jenkins的时候，基本上是5分钟轮循一次。我们是把代码放到github上的，然后每5分钟去github上看一下有没有新的check in进去，如果有新的check in就会触发测试，我们测试的话是capybara和cucumber，这轮测试走完就会生成一个HTML报表和邮件一起发出来，会发给提交者和相关的人。如果是broke了cr的话，这个开发其实应该被处罚一下，我们是没有的，就直接再提交一次。一开始的确每个开发都很谨慎，每次提交代码都会code review很长时间，怕把这个cr给broke掉；后来的话就渐渐麻木了，想怎么提就怎么提，所以还是看监控力度。Lily你在快钱有没有用到持续集成呢？

Lily： 在快钱已经有了，我刚来快钱的时候就蛮成熟的。其实jenkins是作为我们的最后一步，也就是我刚刚说的大框架，我们是有一个QA专用的平台，跑自动化case可以触发jenkins。我们之前是通过在jenkins上手动build或者是定时任务来完成的，这样我们两个系统就连通起来了。而且jenkins提供了一个api，我们可以直接使用。case运行的最后结果也会反馈给我们这个平台，都不需要通过jenkins来看。但是jenkins上有一个控制台还是蛮好的，如果哪次case跑失败了，查看控制台是定位问题最快的一种方式。

恒温： 对，在那个控制台可以看到关于build的很多信息。据我所知，Monkey在某大型金融互联网公司应该也是搭的这个环境，对吗？

Monkey： 是的。

恒温： 某大型金融互联网公司那边是移动这一块的嘛，不知道能不能讲一下，应该跟Web端有很大区别的。Jenkins对安卓、IOS的话应该是有不同的环境吧？

Monkey： 我一直觉得可能自己使用jenkins的方式和别人是不一样的。像移动端这边，主要就是两个问题吧，一个是你刚刚说的环境问题——是连模拟器还是连真机；还有就是怎么连。我跟别人使用方式的不同可能在于，我仅仅把jenkins作为一个调度的平台，一切都是在命令里实现的，调脚本就是这个样子。jenkins好像是有很多插件，但是我不太相信那些插件，基本上我用得比较多的插件只有一个，就是那个发邮件的叫作exchange的插件，其他的都不怎么用。我全部是在execute command里面，要么调python，要么调C，没有用过Jenkins里面任何乱七八糟的配置，哪怕是svn的checkout我也是直接写的。

恒温： 其实jenkins最大的作用就是调度了，就是job。

Monkey： 我一直不知道别人怎么做的，反正我能达到目的就可以了。

恒温： 那我使用的方式跟你差不多，包括现在所从事的项目也是只用到了它的一个调度的功能，当然包括邮件，邮件非常重要。

Monkey： 对。

恒温： 简单粗暴其实是最好的，特别是对于测试来说，我们需要一个有利的手段获得一个快捷廉价并且让任何人（例如开发人员）信服的效果。

Monkey： 我曾经也用过那些插件，但是我被那些插件搞得很莫名——有时候是插件不兼容，有时候是插件跟环境不兼容，会有各种莫名其妙的问题。后来我就觉得，算了，用插件还不如自己写命令，出问题的话，自己心里也有数。 这周五的时候我给开发演示了我这边的体系，然后他们觉得这个太高大上了。我回答说，其实从本质上来讲是没有任何技术含量的，再加上只有我一个人做；其实真正会让人惊讶的是，等有人加入进来，过个一年两年，你们才会发现，嗯，这是套体系。

恒温： 好，大家已经听到我把音乐换成时间都去哪儿了，之前那个音乐一直放，听的我都头疼了。节目录制到现在差不多该结束了， 今天主要是吐槽了一下快钱，还粗略地介绍了下webdriver。我们会想到介绍webdriver，主要是因为appium的基础其实就是webdriver，appium这整个平台都是用的webdriver的一个protocol。不管是传统互联网还是移动互联网，webdriver好像已经成了一个基础。如果你要做自动化的话，希望大家都能了解或者是学会webdriver，也许不需要很深入。W3C协议的话目前应该还是在草拟中，包括那个mobile的协议，他们可能会在下一个W3C会议中提出来。

按照惯例，我们应该做个happy ending，那就由Lily同学给我们做一个happy ending。

Lily： 今天很荣幸被恒温邀请来做这个吐槽大会，很高兴跟大家分享这些，希望和大家一起学习进步，下周三再见。

恒温： 对，最后你来吐一个最让你受不了的槽点， 我们每一个嘉宾都必须这样做的。

Monkey： 我敢打赌快钱人应该不会听我们的广播的，我出去参加活动见到快钱的人不多，个人感觉快钱还是有点封闭的。

Lily： 唉，对，其实他们在那个群里面也不怎么讲话的。

恒温： 看，槽点出来了。

Lily： 我觉得还是蛮好的呀。

Monkey： 每个人到最后都这一句话，你可能不知道以前的某一部分憋到最后也是憋出一句，我这边蛮好的蛮好的。

Lily： 真的。

恒温： 这就像我卖我那个mac pro的时候，卖到最后我觉得这个真好，我都不舍得卖了。

好，那我们今天就到这里吧。

9. 技术修养篇——移动互联网测试如何迎接未来的挑战

主持人：Monkey

嘉宾：无

大家好，我是Monkey陈晔晔。

明天早上我将受邀参加南京测试圈的一个移动无线的分享，现在我刚刚下火车来到了旅馆，旅途有些波折。其实按道理来讲，小道消息已经播了这么多期了，从内容上或者效果上来说，应该要进步一些了，但是感觉我好像没什么进步。

今天我主要想讲两件事情：首先预告一下，明天的小道消息，我们打算做一期技术篇，目前初定的topic是webdriver，由于我们TesterHome是以研究讨论appium为主，我们打算在深入讲appium之前把webdriver先科普一下；第二方面的话，最近有很多人通过QQ、微信、微博、邮件联系我，问了一些关于移动互联网的问题。那么这期小道消息由我一个人来做，所以本期我想针对这些问题来给出一些我自己的见解，希望对大家有所帮助。

我这边也列出了几个问题。

第一个问题，最近有很多人听到我在说测试的三观。

我觉得测试要有正确的三观，很多人问我到底这三观是什么。我觉得很简单：第一，你知道你做的那个测试的岗位到底要做什么。第二，你是否有能力判断哪些是对你有用的，无论是指人还是知识或是其他的某些东西，要有一个正确的判断。哪些东西是真正有用的，哪些是可以左耳进右耳出就行了的。第三，你自己怎么规划自己的职业生涯，你是否清楚这个行业的现状。我真不是吐槽，我很客观地说，我看到有很多的人以讹传讹，有很多的人在道听途说。我曾经吐槽过高校的老师，这帮人其实连测试是什么都不懂，我可以点名说，例如上大、同济、复旦。我有这个资格吐槽，是因为我到这些学校做过测试的宣讲，我亲身体验过。那如果你们相信我，你们可以认为这是对的。但如果只是听我这么说，而你们自己并没有亲身交流过，这时候再从你们的口中传出去，这就是道听途说。不管从哪方面，我们都要有一个正确的原则在。

第二个问题，移动互联网的测试到底是走技术路线好还是业务路线好？

这个问题，最近问我的人也很多。这么说吧，其实从整个行业现在的需求来看，你其实只有两条路可以走。一条是纯技术路线，什么是纯技术路线？不要以为会一些工具，会用一些框架，就算是纯技术路线，这种只算是业务测试，其实不算是技术路线。如果是要走技术路线，那必须要把这些东西的原理、底层，包括一些细节都了解清楚。这些都做好了，才可以走技术路线，否则的话，只能算是黑盒测试。不要把这些花里胡哨地写在简历上，让人觉得好像是自动化测试或者说白盒测试，不要自欺欺人。第二条是业务路线，但业务路线相对来讲也是很难走的。并不能说我对业务很了解我就走业务路线。这里我要说业务路线也分成两个：（1）你不要以为业务路线就是非常简单的，不要这么简单地去理解。现在移动互联网大部分人是做APP的，就我以前接触过的和现在交流过的APP而言，大部分的逻辑不会复杂到哪里去。由于产品的性质，致使它们的业务不会非常复杂。但其实，像淘宝，或其他电商来说，他的业务是非常庞杂的，不至于说一两个月你就能够熟知了。（2）退一万步来说，就算你熟知了，你还是要有"一般"的技术能力，而这个"一般"的技术能力其实也远远会比"只会用一些工具，只会写代码，只会用框架去做一些东西"这样的人要好得多。因为作为一个业务人来讲，他除了业务了解以外，他必须从另一个角度结合业务，找到问题，并且定位问题。其实很多的人现在停留在"找问题"，很多的人在说我想做自动化，我想问，自动化能找到多少问题？找到问题最多的还是通过业务上的逻辑，而且这样找到的问题是有value的，自动化寻找问题的value还是非常低的。当然，我所说的一切仅仅是目前移动互联网的一个趋势，有很多人要和我扯白盒测试或单元测试，我们不在这里讨论。

第三个问题，有人一直问我说：你们这边面试移动互联网的tester是怎么面试的？

说到这个问题，我真的是一口老血喷出来。很多人说你们这边的要求好高，说实话，我们的要求真的不高，我们要求的都是最基本的东西。比如说，从业务角度来讲，我们可能会从Web的，或者说后台交互的，虚构出一些场景让你们分析一下如何做压力测试，UI怎么测，如果你以前有一些金融方面的业务知识的话，可能还会结合一些金融方面的业务知识来问你。没有说我们会来刁难你，说我们这边有个非常庞大的业务，从第一个系统后面调50个系统。然后你告诉我这中间如果有问题你要怎么办，没这个必要。从业务角度来讲，我们更期望有相关业务经历的人来加入。我这边是面技术的，从我面技术的角度来说，我更是没什么要求了，我觉得做了一个月的人都应该知道的。比如说我会问："你报出来一个bug，你在安卓或iOS上找到一个问题，第一，请问你如何抓取这个log；第二，你提交bug的时候，如何去截取有效的log"，这是第一点，第二点我也会问："移动互联网的功能测试，你还了解哪些？"第三点，跟着你走，如果你说自己做过自动化或者性能测试，那我会问你做过哪些？如果你说你就做过功能测试，我就会问，你觉得移动互联网和传统APP，传统软件有哪些区别？你们觉得这些问题有难度吗？我实在是没有搞懂这个难度在哪里？我想吐槽的是：请大家真的诚实一点，不要说你用过iPhone你就算测过移动互联网，这个实在太扯了。没有必要这样。还有很多人在简历上说精通某某熟悉某某，做过安卓/IOS，有的人很骄傲地在简历上说他做过APP的性能测试，我就问他，你是怎么做性能测试的，他告诉我说他用loadrunner压后台，于是我就无语了。大家请正确地认识自己。很多时候，面试官是跟着你的节奏走的，几年前，我曾经碰到过一个人，我问他以前是做过什么的，然后他跟我说，她就做过旅游的系统，就后台交互，下订单，这就把我弄死了，到后面就没办法问了。只能说这边有两道算法，来把算法写一下吧。好心的，还会问一下，除了下订单还有什么？我们是希望面试者能够有广度地、有深度地、有逻辑性地来阐述你们的前端加后端是怎样的一个东西。

第四个问题：很多人问我到底要学什么？

这其实是一个非常大的问题。

第一个点是这样的，有很多人说：我这个框架怎么用啊？robotium、monkeyrunner、calabash、appium到底怎么用啊？为什么我学不进去，入不了门啊？我就想反问一句："请问你对安卓系统了解多少？APP结构了解多少？安卓的架构了解多少？Java了解多少？安卓开发、安卓的四大组件、生命周期了解多少？SDK、document看过吗？"如果这些都没有看过，那想入门是很难的，没有捷径可以走的。请不要想着拿一个工具过来就直接用，这是很扯淡的一件事。不要问有没有视频教程之类的，就算手把手教，也是学不会的。

然后有很多人追求自动化测试，有多少人真的了解所谓自动化测试到底是什么？得考虑到很多东西，比如说测试数据的维护，比如说方便的扩展，比如说方便业务测试写case，比较容易将来做行为驱动。不要认为一个case在device上面自动走了，就算是自动化了，这个意义何在呢？大家再想一下，移动互联网确实是将来的趋势，但是安卓和iOS一定是将来的趋势吗？有可能安卓和iOS过几年就死了，who knows。我们做自动化测试，更多的是说把外面的那层皮给剥掉，更多地去理解它的原理，理解不同的测试，它的思维的区别在哪里？它又有哪些共同点，单纯地追求一个框架意义何在？要正确地看待自己，不要觉得会了一个框架就可以了。

我想再吐槽一下iOS测试，我现在碰到的iOS测试差不多是这样子的。100个人里面，100个说我做过iOS测试，但是有50个人说我没有用过mac，然后另外50个人里有25个人说我用过mac，但我不知道怎么用Xcode，我没有编译过project，剩下的25个人里有人说我用过Xcode，但是没有搞过签名之类的，我也没有开发者证书。剩下可能只有10个人说我编译过，我用过，但是我没有写过脚本，没有用过instruments，只有几个人可能写过脚本。这种人非常少。我想说请正确地面对自己，如果你说你从来没有越狱过，也不知道怎么备份SSH，不知道开发者证书怎么申请，压根没有用过Xcode，也不知道mac怎么用，你告诉我测试过iOS，你觉得这是正常的事情吗？

今天还听到上大的老师这么说，"同学们，如果你们将来不做开发的话，就不用写code了，写code是没有意义的"，我想说，对于移动互联网行业的测试来说，code已经是must have，你作为一个测试，你的职责是找出问题，你通过各种方法去设计用例，想方设法设计尽量全的用例，这时候单精通业务或者单精通技术都是不行的，只有同时对这两者都有非常大的掌握，你才能从不同的角度和切入点去设计深入的case，而不是按照设计书一步步地走，这个已经没有价值了。然后，如果你写过代码了，也不要太过于高调，觉得自己是在做白盒测试了。移动互联网这边，我就没有看到过几个做白盒测试的。我认识的人应该比你们要多，我们大部分人做的都是黑盒测试。黑盒就是黑盒，没有什么好争议的。

10. 人物专访——robotium.cn创始人喜力

主持人：小兔，Monkey

嘉宾：喜力

做测试有前途吗？测试工程师可以有怎样的职业发展规划？测试可以转岗做开发或者运维或者其他职位吗？本期小道消息请来的嘉宾，将用亲身经历为我们一一解答。

小兔： 大家好，我是小兔，欢迎收听测试小道消息。我在上海，最近天气慢慢暖和起来了。然后有没有听到今天的开场音乐很特别？大家或许猜到这期节目请到了一个非常特别的嘉宾。下面有请我的搭档Monkey，由他介绍今天的嘉宾。

Monkey： 大家好，我不是嘉宾，我是王铁锤。我也在上海，没有在加班，听说恒温在加班，所以我过来顶替——如果我也加班就没人跟小兔搭档了。我先来介绍一下今天邀请到的嘉宾，他就是robotium.cn的创始人以及testin的产品总监，他的网络id叫作喜力，欢迎喜力。

喜力： 大家好，正好今天是圣诞节，祝大家圣诞快乐！我也是刚刚还在公司，晚上8点半才开完会。我第一次用YY，这个ID我是老早就申请的但从来没用过。 我本名叫李正怀，现在在北京的testin，是今年6月份刚加入的，在testin那边担任产品总监，负责testin那款产品，如果大家来北京的话可以找我。

Monkey： 今天我们就随意聊聊，主题是"喜力的2014年年终总结"，你看看今年最想总结的是啥？

喜力：我今天刚刚才看到的微博，有个哥们儿的总结是——2014年是非常非常非常非常非常非常坑的一年。我也有同感， 感觉2014年总体来说过的还是比较坑的。可能在场的大部分人都知道，我原先是在南京工作。我和Monkey结识得也比较早，两三年前我们就认识了，之前参加过一次他的移动测试会，并且一直交情不错。我是今年6月份来的北京，感觉突然到了一个新的环境，无论工作还是生活方面压力都挺大的。上次Monkey问我今天要讲什么，其实我真的不知道能给大家分享什么，因为我已经半年不做测试了。可能两三天不做这一行没关系，你离开三个月到半年，还去吹牛，那就真的成为Monkey嘴里的"大神"了。所以我现在很少跟大家聊测试的东西，因为已经不在第一线了。原先的robotium群里面，例如群主，他算是中国比较早做Android自动化的，所以说有什么问题大家也可以跟他聊。

Monkey：小兔，咱们就一人问一个问题，轮流问？

小兔：好啊，一般嘉宾过来之后都会说说毕业之后的第一份工作，还有工作经历之类的，喜力可以说一下吗？

喜力：我是2008年毕业的，但是2007年就出来实习了。实习的时候在一个哥们儿的公司帮他做网站，当时还是 asp.net，大概做了5个月，做完后帮他维护了几个月，差不多就到了毕业的时间。毕业那会儿碰上了2008年的金融风暴，工作不好找，很多公司都关门了。我找了差不多大半年，才找到一份糊口的工作——在一家公司做IT支持，大概做了一年多。当时工作不太忙，又因为最早是在互联网行业，就在那段时间里做了几个网站，会搞一些域名什么的，梦想有一天会火起来。结果发现钱花进去了，网站最后也就挂掉了。

后来因为一些原因想换份工作，经过朋友介绍去了一家公司，进入了测试行业，大概是2009年的样子。刚开始跟大多数人一样都是做功能测试，偏传统的，Web的，后台那一块的，当时用得最多的可能就是浏览器加Linux命令。

这个工作持续了大概两年，我觉得移动互联网行业比较火，就毅然跳槽去了一家做移动互联网的公司。薪资上并没有多大跨越，但是我认定移动互联网以后会发展得比较好，我就到这个行业里面做。当时在南京做移动互联网的公司并不是太多，能够选择一家公司做，那就安稳地待着。在移动互联网公司就做Android、iOS测试，后来也开始做自动化测试，薪水也在那家公司翻了几次。在那家公司工作了快3年，到去年年底，又有了换一换的想法。在这期间我个人也成长了很多，包括成家有小孩。

去年年底换了一家公司，是做自己的产品——Android的车载设备。过去之后是做测试开发，做了大概有半年。可能我对汽车行业也不是很感兴趣，因为大家都知道现在在中国做智能手机，可能它的零配件不超过1000个，中国已经能做得很好。可是和汽车相关的中国本身还没有一个很好的零配件供应链能自主研发这个东西，很多的汽车还是投资型的比较多，这种项目一做就是五六年 。在把整套测试框架和我们的测试case全部写完之后，我感觉实在是受不了，在转正的前一刻就递交了辞呈。而且已经和testin这边在接洽了，去北京聊了一次觉得还可以，并且自己想往其他方向多发展一下，然后就过来做产品了。到现在已经做了半年，不算小有成绩，但是已经能够比较好地融入自己的职业和目前的工作当中了。

大概的历程就这么多吧，几分钟就讲完了，可能每个人的历程会有所不同，中间可能会有坎坷，但是我觉得只要你认定自己想做的事儿，比如说我第二次换工作的时候觉得我想做移动互联网行业的，然后我就找了这样一家公司。不要过多计较薪水，只要你觉得这个行业对你的发展、对你的未来有意义，那就去做。包括今年我想去做产品，不想继续做测试了，并不代表测试行业不好，可能是个人的选择，可能对我未来想去创业会有更大的帮助。做产品这块的话，要控制很多包括产品研发、项目管理、产品运营、市场管理各方面的东西，如果你真的能找到一个产品做得很好，在中国有一定的知名度，对自己也是一个成长。未来无论你是想出去单干还是到其他公司继续做产品都会有比较大的帮助。所以这一路走来，我觉得就是要做自己决定要去做的事情，不是为了去这家公司涨了多少的薪水，或者干了什么事。其实我们刚开始就业的时候，2007年、2008年的时候薪水大概就七八百块钱，但我发现不要老盯着这个数字看，只要把自己的事情做好了，照着自己认定的方向去走了，自然会不断地double，不断地double。我的自我介绍不多，我们老板跟我说他能自我介绍15分钟，我5分钟就讲完了。

小兔： 讨论区的小伙伴说喜力是个朴实的人。有人问做产品最需要的技能是什么？

喜力： 是学习的能力，其实做什么都需要学习。因为我刚过来的时候也什么都不会，那就只能去学习。我这两天发了篇微博，我说人刚生下来的时候要学习适应环境，上学的时候要跟着老师学习，毕业后工作的时候要不断跟着自己学习，有了小孩子之后发现大人的很多生活方式跟小孩子都是不一样的，以后老了死了之后跟谁学——这个没有经历过还不知道。

Monkey： 我问一下，喜力你之前是做测试的，对于到你转产品之前的那段测试经验，有什么能总结一下送给现在做移动互联网测试的同学吗？毕竟你之前做测试很长时间了。

喜力： 我觉得测试本来就是苦活累活。我们大家都知道，分享果实老板来，背黑锅我们来，不过我觉得干着还是很有收获的。我做测试的时候，无论是做一个小leader还是普通员工，在工作中无论是跟研发还是跟项目经理，都是比较强势的，所以说有些原则要坚持。就像我们之前学软件测试的时候说要坚持自己的原则，这个东西不是虚论。现在回过头来跟别人聊天或者跟项目组的研发同学讲测试的时候，我就讲人生的意义，人生的原则，我觉得原先的测试工作对我有很大的帮助。大家都知道Testin是做app质量相关的工作，我现在负责的Testin崩溃分析这款产品，还有旁边的众测，本身都是在质量体系，对我来说都需要测试行业的背景。其实你不做这个行业，你做其他的行业，例如to C的行业，如果你有测试经验，你跟开发讲一个功能，可能你会想到更多的异常点。你在设计一个产品功能的时候，不像其他产品经理一样只把这个产品的正常功能描述一遍，可能你用了七八年测试经验培养出的思维模式，把异常流程也全都整出来了。就像我告诉他们写PRD（产品需求）的时候，备注里面都会写异常是这个样子的，大概逻辑是这个样子的，给他们画出来。总结就是，测试这个工作非常有用，不论以后是做研发还是项目管理还是自己当老板，或者你就是回家什么都不干都很有帮助。因为之前回家自己买了台智能电视，我发现里面还有一个test的进程，我问厂家test的进程是干什么的，你观察问题的角度都会不一样，当然是不好的角度，挑刺的角度。

小兔： 很多做产品经理的人都是从别的职位转过来的，比如说设计、测试。你觉得做产品经理的话是不是经历其他的职位，有其他的工作经验会好一些？比直接做产品经理好？

喜力： 有行业支持会比较好，比如说你是做金融行业的，有金融行业的背景是好的；testin是质量行业的，有做测试的背景更好一点。背景是一方面，其实做测试你也有可能测到银行的东西是不是？那是不是银行的过来就做得更好呢？那也不一定。那你做测试也可能会用到设计相关的知识，例如我这个手机上的按钮是否符合设计里面38dp的原则呢？我网页的关键字是否符合搜索引擎的东西？这是一个方面，本身这些和你的工作没有关系，但是有这方面的经历对你来说是非常好的东西。总结就是和行业有关是最好的。

Monkey： 那你转到产品后跟之前做测试相比有什么感想吗？

喜力： 我先回答另外一个问题吧。当时我和我们robotium群里面的群主沈华，两人在一起做自动化测试。在我们做了一段时间也算小有沉淀之后，因为没有相关资料，就想弄个网站出来，给自己一个总结提高的地方。所以我当时就把robotium.cn这个域名注册下来了，给大家一个交流的平台。后来发现加群的人特别多，前三个月经常在里面回答问题，我们确实受不了，每天都在问同样的问题，确实回答不了，后来过了大概半年多，我们就给关闭了，不给加了，大概是600多人。这就回答了刚才那个同学问的为什么创办robotium.cn的原因。

Monkey： 可以盈利吗？

喜力： 可以，大家给我捐赠了总共100多块钱。捐赠者的名字在我们网站上都有写出来，多的是一个人捐了几十块，捐几块钱的也都有。我们不觉得多也不觉得少，可以分担一部分服务器的费用。因为当时那个网站的服务器在海外，访问比较慢，所以后来我们就重新搭建了一个网站，顺便打一个广告，www.androidtest.cn，也是我慕名把它给注册下来的，服务器放在国内，和TesterHome是同一家服务商——Ucloud。访问速度比较好，是一个问答类的社区。

Monkey： 有人说你的盈利有问题。

喜力： 不是有问题，是一直存在问题，androidtest我们放上去三个月，服务器费用我们自己花了大概1000多块钱，从来没有盈利过。可能你一个月花几百块钱，花也是花掉了，所以我们几个关系比较好的，也包括群主，几个人平摊一下这个费用，一个人一个月也就平均不到100块钱。这个问题就先讲到这边。

Monkey： 那你接下来打算盈利吗？

喜力： 暂时不打算盈利，以后也不打算盈利，因为不知道怎么盈利，我觉得还不如安稳地把工作做好，带给我的盈利价值会更好，目前我在上面做一些沉淀，对大家有帮助就好了，就这样。

Monkey： 你在之前车载，还有其他的公司，和现在的testin相比，这些里面有哪些好的地方，哪些不好的地方？

喜力： 我来了testin三个月之后我的QQ讨论组都有100多个了，都是不同的用户开发者会问我问题，我每天都在那边做客服。我要定期抽出时间去做产品能力设计包括项目管理，还要一边在QQ上做客服，每天都要大概回答七八个不同人的问题。每份工作其实你认真做了，对你而言都会有收获。你会知道用户关心的是什么东西，他为什么每次都提相同的问题，后来发现大家都不看文档，人人都是伸手党，是吧？就是用心去感受自己的工作，我说的可能有点假、有点空，但实际情况就是这样，你认真做好事，总会有收获。就算低头看蚂蚁，你也会发现蚂蚁的生活习惯是吧？

Monkey： 是的，喜力的境界太高了。

小兔： 是的，没有觉得假，我觉得是真的。

喜力： 我就在跟你们说的时候境界高一点，显得自己高大上，我私下里很low的。

Monkey： 你说要合著一本人人都是伸手党，这是一个good idea。

喜力： 当真了？我是随便说着玩的，我没想到你当真的。既然你当真了，大家可以合搞一下嘛，说不定火了。

Monkey： 火了我们就开一家公司，叫伸手党有限公司。

喜力： 可以啊，到时候我们线上O2O，可以直接O2O了对吗？

Monkey： 对，O2O教大家如何伸手。

小兔： 我以为你们火了以后要去接广告，然后开始赚钱。

喜力： 小兔你这个模式还是停留在五六年前的思考模式，就像当时Facebook注册用户达到100万的时候，它的创始人中有个叫某某的，有百分之三十几还是四十的股权，他就说我必须要去接广告，接广告才能养活他。然后另外一帮人就拉了个部门，去找风投，拉投资，不断地铺市场。现在的互联网不像原先那样去做广告了，流量很重要，但是现在to C的流量基本被BAT给分光了，我们这种公司只能做to D的，做做开发者，当然也许在某个细分领域还会有机会，大家可以自己去摸索。

Monkey： 话说回来，如果有很多伸手党站在你面前，问你做测试有没有前途啊？前途在什么地方啊？然后应该怎么做啊？在你面前这样伸手，你会怎么回答他们？

喜力： 我会告诉他，你要是有一份比干测试更好的工作，有更多发展潜力，那你赶紧去。我一开始就讲了，测试这个活本身就是比较苦的，脏活累活全都自己干了，但是分享胜利果实的永远都是老板、PM。但是如果你没有选择的话，那你就把自己的事做好。如果只是为了一份工作，那我觉得你没有必要做测试。

Monkey： 那就是没有前途了是吧？

喜力： 如果你有比它更好的选择，比如说我可以去做个公务员啊，那你就去吧。

Monkey： 嗯，也有道理。

喜力： 但是如果你把这个事情做好了，你就有前途了，是不是这个意思？

Monkey： 那这个是"前面"的"前"，还是"Money"的"钱"呢？

喜力： 都是一个意思。就像我刚刚讲的，你不去看Money的时候，Money自然就来了，看着它的时候它也不来，有什么意思？所以就不要看了，前进的前，我觉得。

我前两天不是还问你认不认识dota传奇的测试？正好我在上海，因为我时间比较紧，刚好没联系你，不然大家一起吃个饭。下次我过去请你们吃饭。

Monkey： 大家听到了啊，大家去北京就去找喜力请吃饭，不管吃什么啊。

喜力： 没问题啊，肯定是够互联网够逼格的饭店。什么西少爷啊，黄太吉啊，雕爷牛腩就甭想了啊。

Monkey： 可以的可以的，那就这样了啊。

喜力： 我们本身是测试知识方面的课题嘛，要不要继续聊一点测试方面的东西？

小兔： 刚刚讨论区里有人问说4G时代来了以后对移动互联网测试有什么影响？

喜力： 这个我还没听懂，什么叫4G时代来了对移动互联网就有影响？3G咱们就不用移动互联网了吗？

小兔： 其实我也不太懂，就读了一下他的问题。

Monkey： 不要挑刺嘛，要有宽广的胸怀。

喜力： 我讲一下具体的例子，我的手机号码大概用了四年左右吧，是联通3G的，上网速度非常快，我觉得能满足我的需要，然后我就一直不停地下载不同的APP，不停地下不停地删。如果经常看不同的行业数据会知道，90后65%的时间都是在看手机或者看PC，而且你看现在刚出生的或者说是两三岁的小孩，他们以后都接触不到PC了，他们是属于移动互联网时代园林的东西，以后肯定都是手机比较多，所以说现在做测试的如果你不懂移动互联网测试或者APP测试的话，你择业或者是跳槽的时候就是带着硬伤，当然你选择机会就比较少了。刚才有人在讨论区问，北京的租房现在大概多少，我怎么知道？我只能提供你个别的信息，但不能代表全部啊，你得去把58同城上的数据全部po下来，分地区，分不同区域，做个平均值价钱，那你不就知道了吗？

Monkey： 嗯，好办法，我是伸手党我会问这个程序怎么写啊？

喜力： 刚才那个问题就是这样，移动互联网测试我们大家都要学习一下，对以后的跳槽或是择业都会有很大的帮助，移动互联网未来肯定是一个很大的方向和趋势。我在2011年的时候就思考过这个问题，所以我第二份工作就选择了这个行业。

Monkey： 人人都说要做移动互联网测试，那你觉得做这个东西要学哪些方面、做哪些方面的东西对未来比较有帮助？

喜力： 我觉得原先的测试理论、测试技巧都是必须要掌握的，因为本身移动互联网测试还是属于测试这个大体系的，即使测试的对象不一样，但是基本功都是要掌握的。就我之前讲的，我会看一些用户体验或移动互联网设计方面的书，然后我觉得对自己还是很有帮助的。包括像现在移动互联网自动化测试这么火是吧？为什么你们能认识我，因为我搞了Robotium，不然你们怎么能认识我呢；为什么你们能认识Monkey？因为Monkey是

Android的框架嘛，是吧？所以说测试框架和代码能力是一个方向，是能快速提高你能力的一个东西，你能把它学好了也是很好的。然后其他方面，我就觉得多多思考，多多看看这个行业，多多与人沟通。

Monkey： 接下来还有什么大数据，金融，云计算这些你怎么看呢？

喜力： 我不知道，因为我没做过这个东西，我只知道最近还有明年（2015年）O2O会比较火。包括我们知道的"叫了个鸡"，刚融了1000万是吧？包括下午我们老板去的那个"一代洗衣"，拿了8000万，也就十个人的团队嘛。还有一个就是中国手游嘛，中国手游已经达到世界领先水平了，中国手游现在已经可以出海了，所以说中国手游也会比较火。

Monkey： DOTA传奇吗？

喜力： DOTA传奇是比较火，因为上次我们也去了，流水已经过了2个亿了。它是炒作出来的，代表中国整体手游的开发能力，你可以看看东南亚的营销商店，游戏排名前十的有6个都是中国做的，所以说未来中国手游都会非常火。

Monkey： testin最近不是出了一款云式框架吗？我想了解的是就手游这种东西，就你的了解，它的manual test和automation test分别会怎么测啊？

喜力： 你是说用自动化来做吗？

Monkey： 我这么问吧，手游也是个application，那和其它类型的APP的手动和自动化测试有什么区别？

喜力： 业务复杂，需要思考啊，就像植物大战僵尸，你不知道下一个出来的僵尸是什么，你也不知道下一个太阳会落在哪个点，必须要思考我是放冰冻射手好还是什么好。

Monkey： 你是不是要证明一下你玩过？

喜力： 是的，因为我测过这款游戏，用了一天测这款游戏，然后得到10块钱。所以说测试很苦逼嘛，我花了一天时间得到10块钱。因为它用人思考的地方太多了，不像我们平常的应用，逻辑是固定的，1+1就是等于2。我打开这个网页如果要出来另外一个网页，它就必然会出来另外一个网页。

Monkey： 你不能这样讲，我要吐槽，我为testin测东西一天，你们才给我5块钱。

喜力： 不是，那是我们自己人，平时都不给钱的，如果你真的为我做的，那肯定不止5块钱，起码几十块钱一天吧。例如你今天花了20分钟或是30分钟做了一个任务，那就给你几十块钱吧，我觉得挺好的。

Monkey： 手游这种有这么多场景，比如说太阳落在哪里对不对，玉米大炮放在哪里对不对的问题，那这个东西怎么做自动化测试呢？

喜力： 没法自动化啊，因为你要去思考我要用什么策略去做。

Monkey： 如果不是UI的自动化，比如说接口、单元等其他方面，这些能自动化吗？

喜力： 手游不需要，因为现在游戏99%都是用引擎写的，它什么都不用干，引擎都帮它做好了，网络连接也是引擎，各种都是引擎来管的，它就写些业务逻辑场景就好了，所以就没什么接口好搞。能做的自动化也就是它本身的一些业务逻辑场景，需要人去判断的那种可以用自动化去做。

----------Monkey和小兔开启了忽悠模式，纯属娱乐，不喜欢请略过----------

Monkey： 我提一下，当时喜力进来的时候只有2个人，现在已经32个人了，足以说明这最后一次喜神帮我们达到了怎样的一个效果。

喜力： 那你们之前一般平均多少人？

Monkey： 我们以前人很少的，相比你今天一个零头都没到。

喜力： 真的吗？一个零头都没到那就是3嘛，我没参加过，你们不要忽悠我。

小兔： 没有忽悠你，我们就是3个人在聊，没人跟我们说话，全靠放在荔枝FM上还会有人去听一听。

Monkey： 你知道荔枝FM上我们说什么观众怎么怎么样，都是我yy出来的，根本就没有什么观众，哈哈哈。

小兔：我突然觉得我们之前做节目的时候，好像都不太正常。

喜力：没关系，正常的，你看那些社交软件刚出来的时候都是线下找100个社交模特，女的，一个人管理100个账号，那就是1万个人，而且是1万个女用户，都是长得比较漂亮的那种，你们也可以这样干嘛，是吧？

Monkey：我们没钱啊。

喜力：帮你打义工嘛，是吧？群里那么多人呢，随便找一两个给我们露一两手都可以嘛。

Monkey：我只有两只手。

小兔：好，我们可以去试一试。

喜力：OK，那我们继续聊测试行业吧。

Monkey：刚刚群里有人问，喜力可以谈一下众测吗？

喜力：既然有人问了我就说说，要是我主动谈那就会让人觉得是在做广告，太假。我觉得众测是未来比较大的一个趋势，因为如果它存在，就没有兼容性测试，就没有什么乱七八糟的测试，什么都不需要，我就直接发布一个东西，然后给我的用户直接体验直接用，效率非常高，反馈非常及时，然后大家可以一边大理泡着温泉，一边玩着手机做半个小时任务，发了500块钱，在家SOHO，边旅游边工作，我觉得这是一个非常美好的未来。

Monkey：这样子坐着数钱呗。

喜力：不是坐着数钱，边旅游边数钱，边泡澡边数钱。

Monkey：可以的，大家这边听到了，喜神这边夸下海口，他一边泡澡一边数钱。

喜力：我是说众测会给我们带来这种价值，它未来的发展就像虚拟化办公一样，不需要大家在一个屋子里是吧？

小兔：那这样子做测试的人是不是就失业了？

喜力：不会啊，还是做测试啊，你非得坐在一个办公室里做测试啊？

小兔： 我们都是一边泡澡一边做测试是吗？

喜力： 那不是更爽吗？你还是有你的经验，你还是可以偶尔给它做个自动化，我刚刚讲的可能是一些体验性的或是一些需要专业知识的，有专业背景的我可能需要你帮我做些什么事儿，线上拿个手机就可以完成的，你可以躺在床上看着美剧玩着手机就把钱给挣了。

Monkey： 你是在数钱了，怎么可以让大家一起数钱啊？

喜力： 大家都数钱呢，就是任务本身有各种类型的，有些需要技术精英的，有些游戏我就需要游戏打得好的，例如DOTA传奇正在开发新游戏，上线之前要做体验测试，邀请一下Monkey大神来做个测试，做个游戏试玩，比如说打了80级给你5000块钱。

Monkey： 这样子的啊，那不去白不去啊。

喜力： 未来就有可能是这个这样子的，你是高尖端玩家、骨灰级玩家对吧？那你对游戏的改善，不仅仅是发现一个bug一个错误，你能帮助他改善游戏的玩法。

Monkey： 有道理，啥时候引荐一下我可以到DOTA传奇那边体验一下。

Monkey： testin毕竟运营做得比较好嘛，可能很多公司也都去谈过。他去谈的时候没有谈下来，一方面是testin对自己的产品模式没有定位好，乙方也不知道怎么去接受；另一方面他们的APP本身是属于UI展示类的，界面上的元素比较多，也比较多变，比如你用testin的话你怎么解决这种UI比较灵活、变动比较多的，并且对UI本身要求比较高，而不是说它本身逻辑会很复杂这样子的？testin能很好地support吗？

喜力： 我讲一下我们的testin工具吧，因为这款工具原先也是我负责的，我本身做自动化也做得比较久嘛，所以说来公司我兼着把这款工具负责起来，现在给另外一个兄弟管了。我只是大概看个方向，testin工具本身兼容了像Robotium包括moneyrunner而这类东西。我们后期打算兼容uiautomator，慢慢地我们会解决图像识别的问题，你想判断它是什么颜色的我都能告诉你对不对，我觉得你说的就不存在问题了。我们目前在图像识别这块算法上，上个月我们做了demo，我非常赞同，预期明年（2015年）六七月份会推出一个基于图像识别算法的测试工具，可能这块和现有的Android提供的测试框架就没有多大关系了，它作为一个补充点放在我们的工具里面，另外如果大家有什么业务上的事儿，我们可以私下说。

小兔：什么时候会兼容appium？

喜力：做完uiautomator之后我们会兼容appium，其实我们到时候出来的脚本，会封装一套脚本，你通过这套脚本会导出Robotium脚本，导出uiautomator脚本，Appium脚本，导出各种脚本。这是提供给一些中小企业的，它们没有能力养一些测试的专家，而且目前中国没有那么多的测试专家，大多数还是刚参与工作的，还有从传统行业转过来的比较多，对这方面还不是很了解，我们需要一个工具来帮助大家完成这件事情。

Monkey：关于app的启动性能测试，喜力有什么自己的想法？要测试的稍微细点，例如渲染算进去，h5容器的消耗算进去之类。

喜力：我能告诉你的就是只能testin来帮你解决是吧？其实做过一些，但是做得不是太深，之前那份工作我们在做车载设备的时候对这个性能要求比较高，因为做汽车厂商的东西嘛，他们要求很严格，做过一些关于启动这方面的测试，然后我们也不是用之前卡斯讲的高速相机来拍，而是普通的看在应用程序launch的时候是否已经加载完了，因为车载上的这种APP不会太复杂，它的数据量不会太多，UI也比较简单，因为你在操作车载设备嘛，按钮肯定会比较大什么的，布局也不会太复杂，那做起来可能会相对容易一点，当时就没需要让开发打个点什么的，就我们自己用Android的一些判断方法，把它判断出来认为它是启动的。你说的那些什么太高尖端的我都没做过。

Monkey：OK，卡神现在正在群里普及相关知识，待会儿可以到TesterHome的帖子下面看看大家的反馈。

喜力：更多技术方面的东西，你需要深入去研究这些东西可能就明白了，光是启动时间这一块就需要涉及很多东西，看是卡在哪一块了，是GPU渲染还是因为游戏帧率影响到导致比较卡的。QQ启动的话是不是因为图片比较大导致加载比较卡的，在低端的手机上面我启动时间就会比较长，那我的数据到时候会是一个什么样的数据，帧率是10、15还是20，得把这些数据拿到，那些肯定是更低层的东西。你通过不论是robotium还是uiautomator没法取到的时候可以用其他的方式取到，Android也提供其他的方法能拿到GPU的一些数据。

Monkey： 要不就这样，时间也差不多了，我们先由喜力嘉宾来谢个幕，道个别。

喜力： 其实刚才讲那么多，Monkey也说是2014年的总结，我就最后再讲个一分钟吧，总结一下2014年。因为2014年还有几天马上就要过去了，我感觉2014对我来说是成长比较快的一年。因为我目前到北京工作6个月，工作时间上已经超过我之前一年的工作时间了，专注于做一个事情的时候自然就会成功？但这整个的一年，就测试行业来说发生的变化比较大。前年我们还在南京做了很多场线下的测试活动，大约三四十场，现在整个行业的活动多了，大家学习的机会多了，对大家来说这是一个比较好的事情。从我身边认识的一些朋友来说，大家干了几年之后可能会对自己的职业生涯有些迷茫，就如我刚开始的时候说的，我做事之前会想清楚我想要的是什么东西，可能很多人不会像我这样想太多，我当时的目的是什么，但如果你迷茫的时候你何不想想你要的是什么？就像《阿甘正传》里说的"Life is a box of chocolate"（生活就像一盒巧克力），就讲这么多吧。

这个问题其实没有对错，目前这个也没有大范围地在做、在尝试。我是一直觉得fix bug不是开发的专利，如果测试拥有很强的代码能力，有更强的业务能力，如果修改了之后找相应的人做review，最后check in，这也并非是一件不可能的事情。将来tester会变成什么样子，谁也不知道。但是就从目前而言，我建议大家静下心来，想想我到底会什么。有个人在微博上自问，如果以后安卓和iOS都灭了，那我还会什么？包括以后面试的时候，一样的道理，如果有100个人来面试，你的这个回答，相对于其他99个人，你的优势在哪里。

我先把一句丑话放在这里，移动互联网的测试从业者，我相信将来会面临问题，一种是在一家公司待久了，遇到了瓶颈，但是出去找工作发现要么待遇还不如现在，要么待遇高的不要你；还有一种是慢慢发现时间过去了，年纪变大了，在公司没有很好的位置，想跳槽又跳不掉。这是为什么，大家自己想想。

今天就到这里，希望大家能有正确的三观，正确的想法，正确的规划，不要被移动互联网浮躁的现状所感染。请清晰地知道自己到底需要什么。很感谢大家收听这一期的小道消息，这一期由我自己主持，我相信听到这一期的同学们都会避免成为我所说的那种人，祝大家成功！

11. 测试草根专访之外包测试妹子心得经验分享

主持人：Monkey陈晔晔

嘉宾：亚茹

从事软件测试像走一条很长的路，入行是起点。这一路上会有不同的阻碍，沿途会有不同的风景。今天，一位离开起跑线不久的妹子，来给大家分享她"在路上"的故事和心情。

Monkey：现在是晚上10点20分，今天的测试小道消息开始得有点晚。我不是晋恒温，也不在杭州，我是Monkey陈晔晔，我在上海。恒温在杭州要帮他的老大助阵，所以我来代班主持。今天邀请到的嘉宾是一位做外包的妹子，自称是草根，并且自称普通话不是很标准，欢迎她来到小道消息讲述自己的故事。好，下面请亚茹做一下自我介绍。

亚茹：大家好，我是亚茹，是个草根测试。今天很开心来到这里，也感谢陈老师给了我一个实现梦想的机会。我的普通话不好，希望大家不要介意。

我是校招的，一毕业就开始做测试，已经做了两年功能测试——主要是Web和客户端，也接触一点点服务器。最近在听小道消息，感觉陈老师和恒温老师说的话太高大上了，尤其是关于面试的那几期，感觉自己的差距很大。我来小道消息，主要不是吐槽，是希望大家给我一些经验和指示，可以让我少走一些弯路，多走一些捷径。

Monkey：我没有感觉到你有什么紧张，除了普通话不标准外。现在是22:27，居然还有25个人在线，非常感谢大家利用晚上的时间来听小道消息。刚刚有人在YY上问，亚茹姐，人家都说做IT没有女神，你怎么看？因为女神都爱美，但是IT行业既要面对辐射和加班，又要承受压力并且不断学习。（Monkey吐槽：我以前在某一个做机顶盒的公司，看到一个小姑娘是这样的——她前面有10个电子板，3块TV，2个机顶盒，还有2部手机，大家说这个辐射得大到什么程度。吐槽完毕，Monkey将问题交给亚茹）。

亚茹：拿我的工作来说，要测客户端的时候，我面前会有电脑，电脑上面会摆很多手机，看到这么多机器就头疼。但是，没办法，我脑袋笨，反应很慢，不适合做开发，也不适合走代码，所以选择了相对适合自己的测试。辐射肯定是有的，比如我自己，除了脸部我浑身上下其他地方的皮肤都很好。对于测试这个岗位，看你有没有兴趣了，我还是挺享受这个过程的。如果能发现一个不是生产环境上的很严重的问题，就会有小小的成就感，当然这点成就感远远小于代码开发所带来的成就感。我还没有走到自动化测试的方向，其实如果可以的话，我建议先做开发，再做测试，这样的话好转型。

Monkey：那你怎么不先做开发？

亚茹：我都说了，我很笨，逻辑思维比较差。我其实挺想做开发，但是就是不开窍，现在我毕业两年，虽然有点开窍了，但是已经在测试这一行了，就先把这行干好。

Monkey：讨论区有位朋友说我去培训了Java、Android开发，但是没学好，无奈之下做了测试（Monkey吐槽：如果面试的时候，有人跟我这么讲，直接毙掉，不会再面下去）而且只是简单的手工测试，一做就是三年。现在想做开发，或者自动化测试，但学起来很慢，亚茹你是不是这样？

亚茹：我要是你的话，会把软件开发技能先捡起来。现在自动化测试挺火的，尤其是移动端的自动化测试，是一个很好的机会。如果能把你的功能测试和开发技能结合起来，一起运用到工作中，我感觉会对你帮助很大。我认识的一个人，他把Android开发和测试结合起来，非常棒，我很佩服他。所以我希望你也能这样，不要只是做功能测试，功能测试的确很重要，但是没有自动化测试前景广，而且自动化测试更好就业。建议你还是慢慢把开发技能捡起来，然后学一些自动化测试的东西，再把自动化运用到测试工作中，这样会很好。

Monkey：现在社会对测试工程师的要求肯定是会慢慢变高，测试工程师的开发能力是必需的，但开发不是测试的全部。还有一点很重要，对于测试技术，不能这边了解一点，那边也了解一点。比如，你今天想做Android或者看了Android，明天又去看LoadRunner，后天又去看其他的，结果学而不精以致对自己不利。所以我建议，要做好测试的话，选择一个你感兴趣的点，然后深入下去做。有人会说我都27岁了，我觉得27岁也不大啊，你让很多30多岁的人情何以堪。

亚茹：是的，要选中一个点，然后切进去，要有勇气和魄力去实现它。我自己是缺乏这些勇气和魄力的，但是希望大家有。

Monkey：我觉得你今天能来参加小道消息，已经是有足够的勇气和魄力了，这可能是成功之路上迈出的第一步。有人刚刚问，今天的主题是什么？我再重复一下，今天我们邀请了一位外包公司的草根妹子讲述一下自己的故事以及经验，也希望大家给她一些好建议，她还在路上。

亚茹：我才刚刚上路，你们已经走了好远，我正在努力地追赶你们。

Monkey：讨论区有人提问，Python是不是做Android自动化必须会的？Python可以提高自动化测试的效率，但是就算不会，也可以用其他技术弥补，并不是必需的；有人说，Android自动化测试不就是Monkey测试，我建议你先去看一下Android的SDK document；还有人想让亚茹聊聊对外包测试的看法。

亚茹：说实话，如果可以的话，尽量不要被外包。因为在工作中会缺少归属感，做的事情和他们正式员工一样多，但拿的薪水却不一样；从个人感情方面来说，周围的人虽然看起来和你一样，但自己心里还是会有落差。所以如果有更好的机会，建议不要被外包，仅代表个人意见。

Monkey：想问一下，你打算做外包到什么时候？

亚茹：唉，我也在考虑这个问题。但是现在还有很多技能没掌握，一些不是外包的公司对于我来说门槛还太高。我要继续学习，可能还会再做一两年，待自己的羽翼丰满好展翅高飞。

Monkey：对于那些已经在做外包或者即将踏入外包行业的人，你有什么建议？

亚茹： 既来之则安之，好好努力还是有前途的，几年以后可以考虑转管理方向。

Monkey： 有人觉得，软件测试在公司大部分做的是支持的工作，不知道大家同意不同意。因此@左耳朵耗子希望我在小道消息呼吁一下，做测试的同学们能够多做一些有产出的工作，不要只是支持。我个人觉得这个事情要分成两部分来讲，不能一棒子打死，所有测试行业的人都做的是支持工作（这里的支持工作是指在公司中扮演的是一个支持角色，而不是一个产出的角色），但是我在自己的书里曾经也说过一句话，其实，大部分的测试在你们怀疑自己的学历以及在你们怀疑自己的薪资或者在抱怨自己薪资的时候，首先是看不起自己的，不管你愿不愿意承认——没有这种想法是最好的，如果有的话，希望大家克服这种心理，否则以后无论做什么事情，与别人交流时都会在气场上矮人一等。亚茹你到现在一共做了多少年测试？

亚茹： 到今年（2014年）7月份是两年。

Monkey： 你两年时间是全部都在做外包吗？

亚茹： 嗯，就职的时候就是外包公司。

Monkey： 我跟其他外包的测试同行交流过，他们说，如果做外包的话，尽量不要超过两年，我不知道你现在有没有遇到什么坎？

亚茹： 嗯，会有瓶颈期，有很长一段时间是没有项目的，处于原地踏步状态；然后再去新项目的时候，发现有些东西不会，有些东西从来没有接触过，甚至是从零开始。这时候只能不断学习；项目做得多了，感觉什么都知道，但什么都不精，像在走上坡路——的确是有进步，但其实就那么一点点。以我现在的工作经验和掌握的知识出去面试的，会很没自信。就是这样一个状态，不知道大家是怎样的？

Monkey： 其实我有很多认识的朋友，还有以前的下属——无论外包或非外包——也跟你有同样的感觉。刚刚有人说，除了业务，功能测试的核心竞争力是什么？亚茹，你是如何掌握技术和业务的平衡，或者有什么想法？

亚茹： 无论在外包还是其他任何一个项目，业务能力都是很重要的，技术能力也很重要，二者之间如何平衡，还不太好形容。如果非要说的话，就是业务要精，技术要能，二者是相辅相成的。但是业务这个东西是熟能生巧的，不是说谁一进去就能把需求看得很透彻，能把几个项目累积下来的东西一下消化掉，应该很少有人能达到这个境界；技术却是可以的，如果你技术很牛的话，最起码你到一个地方，技术不是你的绊脚石，你只是需要一些实践来磨炼你会的东西，这就是我的看法。

Monkey：对于亚茹的想法，我可能有一些不同的意见。首先，做测试的话，业务和技术是两手都要抓、两手都要硬的，这是毫无疑问的事情；其次，从侧重点来讲，你离开公司，业务对你没有太大的帮助，就像我们接受过九年义务教育，还有高中读这么多年的书，会觉得对自己没什么帮助。

但是，我在跟很多人交流后发现，我们当下做的一些事，所学到的东西未必马上就有用，但是在这个过程中所锻炼出来的比如语言分析、思考方式等方面的能力会对我们很有帮助。那么，业务测试也是一样的，当你接触了很复杂的业务之后，你的理解能力、学习能力，就会在这个过程中慢慢锻炼出来——这是一个不是特别明显的帮助。对于技术测试来说，技术是有通用性的，无论哪家公司，技术都会用得上。但是，在大部分的公司，如果你是一个做技术的测试，首先在技术上要有一定的经验和能力；在此基础上，如果没有比较好的业务学习能力，你慢慢就会被一个团队或整个公司架空，我相信将来你们会碰到这种情况。如果你是一个业务测试，就不单单要在短期内学会业务，而且至少还要有技术底子做基础。如果你说自己只做业务，恐怕现在大部分的公司都不会要你的。希望大家对技术和业务的关系有一个正确的认知。亚茹，你接下来想选择什么方向去做测试呢？

亚茹：上次听完你的讲座后，我就想学一些客户端的东西，但是我还没有找到我的切入点，然后我就先学了一点自动化和接口测试的东西。如果可以的话，想往功能性自动化测试发展，因为感觉这种自动化测试以后会是个趋势。对于我们来说，可能每个团队里都会需要这样的一个东西，每次手动做回归测试的工作量太大，根本测不完，就必须要有功能的自动化测试。

Monkey：说到自动化测试，让我想起了一些关于测试工具的事情。我不排斥用工具，很多人起步都是用工具开始的，比如你提到的QTP、LoadRunner、Selenium，还有移动端的Robotnium、Appium、Native driver，也包括Coffee，淘宝之前的Athrun等等，它们只是个工具。我们在用工具的同时更需要去了解它本身的实现方式，或者它里面的逻辑，这样才对自己有帮助。测试接下来的趋势，是跟数据打交道越来越多。测试有两个可能的难点，第一个难点是如何获取数据，需要用各种各样的方式，比如写code，用工具或者从某些业务出发；第二个难点是，获取数据之后，懂得如何去分析它，不能说获得数据后，就把数据扔到开发、PM或者某个manager那边，这样你的价值就没有办法体现出来。所以接下来三五年内，测试肯定是要和数据有一场战争的，数据会慢慢变成一个主要的点，你会发现无论是自己写的测试用例，或者是给出的一个测试报告，其实都是数据。最终我们会发现我们要做的一切，就是获得精确度更高、颗粒度更细的数据。

亚茹，你两年外包做下来，获得最大的帮助或提升是什么？

亚茹：提升最大的点，就是给了我一个认识社会的机会。其次做外包的项目会促使自己很快学会一样东西，之前在大学里是那种很慢的学习，在真正的工作中是很主动地很快地去学习，学习能力上会比以前提升很多。

Monkey：正好我有个疑问，很多人说做外包的工资比同行业其他人的工资高啊，你怎么看？

亚茹：没有啊，我们可能给公司赚的钱很多，但是到个人手里钱就没有那么多。

Monkey：这个是合同上写清楚的吗？

亚茹：这个应该是众所周知的，公开的秘密。

Monkey：那比如一个外包找我，他说我帮你约好10K，难道最后不是10K吗？

亚茹：可能到你手里是这些，但是给客户公司的比给你的这点工资更多，中间的差价就是外包公司赚的。

Monkey：做了外包之后，有没有再去其他公司面试过？

亚茹：没有过。我是校招的，刚去公司的时候，属于自己什么都不懂，别人说什么是什么的境界。慢慢地学到很多东西，接触到越来越多的人，才达到今天的水平，才理解了原来有些东西是这么回事。

Monkey： 刚刚有同学讲这边说的都是工作心得，对学测试没有多大意义。这种说法未免片面，我一直在社区，大会和书中强调，测试要注重三观，三观是什么？第一，有判断是非的能力，哪些东西是对的，哪些东西是不对的；或者哪些对你是好的，哪些对你是不好的。第二，你得知道自己的测试如何做，你的职业规划是什么样子的，或者说你应该学些什么东西。第三，你得清楚，测试是干吗的，不要说你学了十年，做了十年，到时候问你测试是干什么的，你说你不知道。我为什么当初要开这个小道消息，原因就是我觉得除了技术以外，很多别人的经验、别人的坑、别人的心得，都是可以来弥补大家在这一方面的欠缺的。

继续往下说，假设你来面试，我会问你一个问题，请问你当初为什么会选择做测试？

亚茹： 又回到根儿上了，我大学是计算机专业，本来是想毕业后做软件开发的，但是感觉自己做软件开发的能力不足。大四的时候，有老师说，女生如果不想做软件开发，可以做软件测试，相对轻松一点。我当时就觉得这个可以考虑啊，于是先看了一点软件测试方面的书，找工作的时候，投的也都是测试的岗位。面试通过后，就留在了公司的测试部门。

Monkey： 从一开始对软件测试并不了解，到现在工作了两年，肯定对这个职位有了更多的认识。比如，一开始你可能不知道测试用例是什么，可能也不知道到底一个项目需要执行多少测试用例才合适，那么现在都知道了吗？

亚茹： 说实话，我现在也不太知道。我们的测试用例只是根据需求，列出正常功能加上能想到的异常点，但是真正测试的时候，执行的用例远远大于本身所写的用例。然后你发现的问题也都是你正常的测试用例覆盖不到的，就是到现在我也没弄明白怎样才能把各种情况覆盖全面。可能心里有一些概念，但是形成不了文档和理论。

Monkey： 我们来打个比方，有一个项目，你的测试用例有400条，那你如何判断说把这些用例跑完就算是测试结束了呢？

亚茹： 我们这边是这样的，分为正常功能点和异常点测试，并且会有测试用例的评审；把正常功能和异常点（或者是业务逻辑很复杂）测试都做到了，就算是执行完了。全靠测试人员自己来把握这个度，没有测试用例执行完了就不用再测了这样的说法。

Monkey： 项目应该会定个DeadLine吧？是不是被DeadLine逼着快点做，做完差不多就那个时间要上线？

亚茹： 会的，Dead Line到了就必须上线，甚至带着Bug上。所以在这个期限之前要把一些重大的问题找出来，让开发改掉。

Monkey： 再打个比方，这个项目要在元旦上线，但在上线之前很多测试用例还没有跑完，该怎么办？

亚茹： 加班啊，加班测试。但一般的情况是我们测完了，开发没改完bug。因为功能测试都比较简单嘛，所以测试用例一般都能跑完。

Monkey： 听到你这样说，我有两个槽要问你，第一个是你们加班有没有加班费？

亚茹： 没有。

Monkey： 没有才是正常的。第二个是，开发是不是每次都在周五很晚才交新版本？

亚茹： 对的，这个你说到点子上了，一般都不会准时发版本，都会延迟一两天。

Monkey： 讨论区里有很多同学说，开发强势或开发弱势的事情，我想你肯定会说开发强势，是吧？

亚茹： 对的，而且因为我们是外包，提问题的话会对甲方开发人员的绩效造成影响，一般我都是很好说话的，缺陷等级能降的降，能关的我就会关。只是有个好说话的前提，开发把功能给修复好。这跟我本身的性格也有关，并不是所有的外包测试人员都像我这样好说话，也有很强势的那种。

Monkey： 那像你这样做测试，完全没有立场啊。

亚茹： 我也是没有办法，有些问题需要和开发沟通才能解决，二者是需要相互配合的，这次我会帮他一点小忙，下回我有问题需要开发来支持的时候，也比较好说话。所以在我的角度来看，我觉得自己是比较弱势的。

Monkey： 说到强不强势的问题，我想在这边吐个槽——有很多测试会说开发做事不负责任，或者说是在帮开发擦屁股，实际上，我看到过很多的测试人员，包括我自己，如果开发一个小工具之类的，就会慢慢变得和开发一样了，有问题就拖着，一直拖到不行了才去改。所以说只有你去做类似的事情了，才会感受到开发那种等着别人擦屁股的感觉。

刚刚有同学说测试用例保证覆盖率，这个问题比较大，就我们项目来说，基本会做这么几件事来保证覆盖率，一个是PD、UED、Tester和Developer会坐到一起开会，进行评审；第二是我们这边的流程非常紧凑，我们会有系统分析、测试分析，然后才会有测试用例的评审，从头到尾，我们不能正向地说我们覆盖了100%，但是我们可以逆向地说我们可能已经覆盖了大部分的需求，看看和大家的评审比较，还漏掉了哪些用例，等到每一个项目结束后，还会以测试用例所覆盖到的code coverage反推，看有哪些代码是废代码，然后哪些测试用例是遗漏掉的，再慢慢做一个补足，并不是在一次测试中就能达到80%或者90%，而是过了三四个迭代，才会把测试用例补全。

我之前也跟很多公司交流过，其实，一开始都很简单，效果也很明显，从0到了30%、40%，其实大家应该也很清楚，到最后就会越来越难，加了十几二十条用例，code coverage才进步了2%、3%的样子，其中这都是长期积累的，或者说是长期慢慢迭代的问题，而不是说我在短期内就能做一个改进。

节目录到这里，也差不多该说再见了，亚茹你来说个结束语吧。

亚茹：首先非常感谢大家，我的分享不知道对大家有没有帮助，希望以后能听到更多来自别人的分享。然后今天特别感谢陈老师给我这次机会，因为我的梦想就是当DJ，我的小小梦想算是实现了，如果你的梦想是在测试行业创造一片天地的话，就请关注荔枝FM测试小道消息吧。

12. 测试技术篇——初探金融测试

主持人：恒温，小兔

嘉宾：Yuki

测试种类千千万，金融行业的测试更是颇为神秘。本期小道消息邀请了一位在金融行业跌打滚爬了三年的测试妹子来帮助我们了解金融行业的测试是怎么样的。

小兔： 大家好，我是小兔，现在在上海。测试小道消息又跟大家见面了。

恒温： 大家好，我是恒温，我现在也在上海。因为Monkey在北京，今天就由我和小兔主持这一期小道消息。我们请来在金融界做测试的妹子给大家分享这一行的测试经验，下面有请妹子同学。

Yuki： 大家好，我叫Yuki 。现在在上海，主要测试保险和银行这一块，以保险居多，银行只有半年多经验，之前有做过关于反洗钱这一块的功能测试。

恒温： 可以简单地介绍下金融测试这块的特点吗？因为大家对金融测试还是比较陌生的。

Yuki： 其实金融行业这块也挺大的，而我接触的主要是保险这块。个人觉得保险这块需求的更新还是蛮快的，大家对测试的感觉就是一次又一次做重复的工作，但在保险行业，目前这种现象不太严重。每次测试的内容还都挺新，有一种不断在累积新东西的感觉。主要还是手工，做些功能测试。在之前的一家公司里面他们有自己的一个性能测试小组，负责公司的一些性能、自动化测试等。

小兔： 你说的自动化测试小组是指在保险公司的时候？

Yuki： 嗯，之前的保险公司，主要是做保险软件，所以会比较专业一点。而银行这块基本都是外包。

恒温： 我知道Yuki和小兔曾经是同事，所以你们俩对银行测试这块都稍微有点经验吧？

小兔： 我们在做保险软件的公司曾经是同事，所以我对银行测试不太了解。

Yuki： 我在银行测试方面也就七八个月，不是特别长。

恒温： 那可以稍微介绍下保险行业的特点吗？比如系统业务的特点，软件系统的复杂性，或者关于数据处理这类问题。

Yuki： 首先银行和保险的业务差别还是蛮大的，有一种隔行如隔山的感觉。保险和银行都有自己的专业术语，特别是银行，并且它的术语都很难理解，业务上也都很复杂。比如保险，大家可能听说过的，共保、在保、理赔，还有财务。银行的境外汇款等，术语多而且难记。

恒温： 保险这块业务是根据险种还是根据公司推出的产品而来分的？比如说理财产品、保险产品或者其他产品。

Yuki： 我没有整体测过某个保险产品，基本测的都是软件系统中的某个模块。比如说保单管理、批单，然后理赔、财务、报表，还有风险累积这类的。对于产品整体接触得不多，因为一进去就在一个维护性的项目。

小兔： 我稍微补充一下，就当时的公司来说，是会根据险种做一些划分的。比如我们俩当时做的项目就是集中在产险那一块。

Yuki： 是的，我们当时的项目属于一般险，包括产险和车险。

小兔： 对，然后公司里另外一大块是做寿险那一块。

恒温： 我比较好奇的是有那么多险种，你们做产品的时候需要去跟需求吗？

小兔： 需要的。

恒温： 我更加好奇的是，所谓的买保险就是用户买了之后出现问题需要理赔。那这个理赔，有多少种人那就可能有多少种理赔方式，会有很多Corner Case或者非常奇怪的例子。你们设计测试用例会去涵盖这些情况吗？

Yuki： 我记得当时做的系统，对特别小的理赔会有专门的绿色通道，small case类；还有一种就是一般的理赔：走报案定审之类的，也就是走一个正规的流程。

恒温： 像你们这样做一个保险的产品，走一个需求分析基本需要多少时间？从需求分析出案例到testcase的产出。

Yuki： 这个要看项目大小。

恒温： 那比如是稍微中等规模，比较常见的产品测试用例量会有多少？

小兔： 先说一个我印象特别深刻的经历，我觉得Yuki可能猜到我想说的是什么。我曾经做过一个财务方面的需求，写了几千行case，涉及很多数据计算方面的东西。保险特别是做财务这一块会有很多关于计算上的东西，所以当时需求就做了很长时间，从BR（Bussiness assistant）出需求到我们写完case差不多耗时2个月之久。

Yuki： 当时各种进度都压得特别紧，当然也包括测试。像现在的话，我目前做的一个小项目，它是保险这块的，但跟产品没有多大关系，也可能是国企的原因。从4月初的时候接一个不大的需求变更，写需求文档大约写了三个星期（包括需求评审），又花了将近两个星期写测试大纲和测试用例，到目前执行。

恒温： 那你们这么多测试用例，执行起来不是需要很久的时间吗？

小兔： 是的。

恒温： 按你们所说，产品从前期投入到开发到测试，周期蛮长的。所以是不是在金融行业都是采用这种传统的开发流程？比如说瀑布式啊、螺旋式啊，用不到我们现在流行的敏捷。

Yuki：我现在待的这家公司确实比较传统的。先进行需求评审，评审完就是测试人员写测试用例，开发人员进行开发等。敏捷的话也有使用过，主要还是看项目。记得那是一个美国的项目，投入的人力还是蛮多的，而所谓的敏捷测试导致加班非常严重，我个人是这样觉得。

恒温：是不是可以认为适合传统开发模式的行业应用敏捷是让大家变相地加班？

Yuki：当然也不能这么说，敏捷测试可能更适用于开发测试，要懂代码，能够更早介入测试。其实如果大家测试技术提升上去的话，可以从开发端介入，应该会轻松一点。传统模式，纯粹靠使用功能测试来提高覆盖率，人力消耗肯定是很大的。

小兔：Yuki你在之前那家保险软件公司，入职的时候有没有进行一些与保险业务相关的培训？

Yuki：这个是有的，公司一般会对你进行一个星期左右的培训。机会好，会碰到他们专门的培训，如果没有赶上也有一个星期的时间通过看视频之类自学。培训完之后还需要参加考试。

恒温：那这样的话，一个是业务知识需要非常熟悉。另外一个，是不是金融行业的软件产品，它们的系统都是非常复杂的？

Yuki：我觉得是蛮复杂的，特别是测试对于业务还是需要多了解，在业务上需要积累。

恒温：会不会时间久了你就专注业务，成为业务专家，但是你在其他方面的技能就会慢慢地薄弱掉。这方面你是怎么权衡的呢？

Yuki：我觉得确实会出现这样的情况。好比看招聘信息，会发现好多技术方面的东西都不会，可能知道的都是业务和数据库相关的。

恒温：为什么是数据库会学得比较好、比较重要呢？

Yuki： 这个也是看情况，测报表的话需要查数据和测试报表，财务这块需要通过数据库去查财务数据，所以数据库的使用技能还是蛮重要的。

恒温： 那你们这种其实属于人工核实？

Yuki： 是的。

小兔： 可能还会有一些平台方面的测试需要用到数据库。比如我之前有测过一个中国的车险平台，这个平台要和一些保险公司事故分析方进行对接，并从各个方面来调数据，那就需要用到数据库方面的技术。所以比较用心的人能够把数据库这方面学得比较好。

恒温： 那我想知道银行一般使用怎样的数据库系统呢？

Yuki： Oracle，这个也看项目，像我在银行差不多7个月时间就没有用过数据库。测试一般不会清楚地知道有哪些表，而是当出现问题提bug后，开发人员会在修复问题的时候备注哪个表有什么问题，接着测试人员才会去查询某个表。

恒温： 这么说来，相当于你们测试就是黑盒测试，没法查看代码，也不清楚表结构？

Yuki： 是的。银行这边是不知道的。

小兔： 原先所在的保险公司还是可以查看代码的，还有为了做测试修改数据库造数据。

恒温： 谈到测试数据，那我们知道保险和银行的数据是非常大的，测试的时候是如何伪造数据的？

Yuki： 目前而言，为了确保数据更准确我们很少会直接在数据库随机插入一些数据，而是通过在系统上进行操作；针对报表类的测试只会在数据库里更新一些时间方面的数据。

小兔： 记得Yuki在原先的保险公司做过自动化测试，不知道是否接触过压力测试？

Yuki： 很早之前有做过一些，那个时候主要是用Loadrunner做一些关联和参数化让脚本可以跑起来。

恒温： 测试的时候可以拿用户的数据吗？

Yuki： 一般是不可以的，也不可能拿到。

恒温： 据我所知银行和保险行业对用户数据非常敏感，但是用户数据的覆盖率也很大，不同用户都是一个鲜活的用例；那如果可以拿用户的数据做测试，应该是可以测到不少问题。比如，银联就会用线上数据引流到线下进行脱敏之后的一个测试。不知道你们是否有接触过这个？

Yuki： 这类测试没有遇见过。保险公司对生产数据还是很保密的，不同权限的人收到的数据方面的邮件也是不同的。

恒温： 那你们是如何覆盖所有的用例的？因为仅仅是依据需求编写的正面的测试用例，其实无法覆盖用户可能会碰见的不好的用例。

Yuki： 首先是基于测试经验对需求尽可能地覆盖；其次测试用例会接受需求评审；当然也会做些随机测试。其实即使你认为全面了，还是不够全面，还是会漏测bug。在生产环境上，可能用户一个非常简单的操作就会暴露我们没有发现的问题，所以我觉得测试只是尽可能地减少问题出现。

恒温： 如果是线上（生产环境）出现的问题会拿到线下（非生产环境）重现吗？

Yuki： 会的。

恒温： 那线下的系统是由谁来维护的？是否需要拷贝一条跟线上一模一样的环境？

Yuki： 一个新需求测试完之后，一般是先发到UAT上，然后再发到生产环境。所以UAT环境跟生产环境是最接近的。

恒温： 你们整个发布的过程要经过几道关卡？

Yuki： 我讲下以前公司的流程，专门开发新需求的环境——本地main test环境——prelive环境——生产环境。

恒温： 那你们是如何保证这4个环境的一致性的，上线后是否会再测试？

Yuki: 一般我们是过了本地main test环境之后就不再测试,剩余的是在UAT环境的用户验收测试。

恒温: 所以保险软件的测试会有用户参与进来,那像银行开发一个系统测试完就直接上线用,风险不是很大?

Yuki: 之前银行的一个项目,除了内部测试也有UAT测试。

恒温: 那不知道Yuki有没有做过这样的项目,就是上线后全国各地都在用。像这样的项目,要不要考虑网络问题?你们会做网络测试吗?比如:北方主要是用联通、网通,南方主要是电信,还有其他一些网络,还有双线机房这种会测吗?

Yuki: 不会,我们主要基于IE浏览器,对于网络这块我们不接触,纯软件测试,对终端关注得比较少。不过现在保险公司也会有在做用在手机、iPad上的app,还有微信上的轻应用之类。

小兔: Yuki你现在主要做哪一方面的测试呢?现在公司里是怎么分工的,有细化到某一模块吗?

Yuki: 主要是按模块来分,比如按产险的保单管理、理赔、财务、在保以及寿险的年金之类。

小兔: 那你大概都做过哪些模块,还是说主要做某一个模块?

Yuki: 现在没有做这些模块,目前主要是负责团管系统的一个核保报价。

恒温: 之前说到新需求对老需求进行更改,那是否需要对老数据进行移植或迁移?

Yuki: 有的,之前有测数据迁移。一种是其他公司之前没有用我们的公司系统,在刚使用我们公司系统的时候进行数据迁移;一种是目前居多的数据库迁移,把一个库移到另一个库。

恒温: 数据库迁移保持一致性问题不大,那当老结构改为新结构的话,这个问题可能比较大,你们是如何处理的?

Yuki：是的，这种情况下的迁移可能导致数据丢失，这时候我们可能就会暂时拿用户数据来做测试。

恒温：我很好奇保险系统的线上bug率高不高？

Yuki：这个问题，我可能没有办法回答你。毕竟我没有做过产品测试。

恒温：这是不是比较敏感的话题？如果回答bug多，可能大家就不敢再用你们的系统了。

小兔：有人在讨论区提问，数据迁移除了对数据一致性外还有对业务类关注吗？

Yuki：有的，迁移之后还是需要做一些数据操作的。需要对原来的数据进行一些业务操作，保证以前的数据迁移到新的数据库后能够使用。

恒温：据我所知，现在银行和一些金融行业都会把测试工作外包。

Yuki：是的，而且银行的业务周期比较短，可能做完一个项目就把人调到另一个项目，甚至不再需要；还有因为是短期的外包，测试人员本身对业务不太熟悉，银行产品本身又比较复杂，所以测试的质量可能不高。

恒温：那流动性大的话，对人才的需求应该很高，不知道对于去面试这样的公司有哪些要求？

Yuki：比如两三年的工作经验，了解数据库，如果做过与金融相关（支付、保险类）的工作更有优势；最好有一个本科学历。

恒温：像在银行、保险行业待久了，会不会让测试员工不知道如何发展，对未来失去信心？因为主要是在做手动的业务方面的测试，对测试技术可能不太了解。

Yuki：这个也不一定，要看个人意向。有些人可能是想往测试技术方面发展；有些人往业务方面，做几年之后，转做需求分析之类。

恒温：那其实跟其他行业的测试是一样的，可以往技术方面走，也可以往项目经理方面走。

Yuki：是的，而且在金融类测试方面，很重要的技能是业务知识，需要长期的业务累积，最后去做需求分析是个很常见的方向。

恒温：现在看来，你做的主要是传统金融行业，应该是没有接触过现在比较火的互联网金融。就你这两三年的工作经验，可以评价一下传统金融行业吗？

（Yuki就这个问题向小兔求助）

小兔：要说整个传统金融行业的话可能太宽泛，就我的经历来说，传统金融保险行业的开发和测试人员的比例比较协调，测试比较受重视。

Yuki：是的，测试要比开发更懂业务，在这个基础上测试可以从业务方面很好地协助开发。

小兔：金融保险行业的很多业务都牵扯到钱，如果说把测试当作质检的一种，这个行业是非常重视质检的。

有听众提问，银行加班多吗？

Yuki：这个也是看项目，项目忙的话可能是4+1，而且加班一般会有补贴。个人觉得外包到银行的待遇还是蛮高的，相同经验在银行的会比在保险的高。

小兔：所以如果只是想做测试赚钱的话还是可以去银行待一待的。那外包在银行的转正机会多吗？

Yuki：几乎没有机会，可能要待的时间很长才有可能，两三年都是没有可能的。

小兔：我觉得做保险金融行业的测试以后的路是很宽的，也可以说很窄。窄是因为你可能在某个领域越来越专一；宽是说你比较容易跳出测试这个圈子去做其他的东西。

Yuki：从技术和业务来说，保险这块我觉得做技术的路会更宽点，技术可能到不同行业都有相同的；保险公司就那么几家，所以做业务的话相对圈子还是比较小的。

恒温：按照惯例，可以请Yuki吐个槽吗？可以是关于现在公司的，也可以是以前公司的，不必得罪东家。

Yuki：说个在银行的经历吧，在那边要求穿正装，鞋子也有要求，对于做软件的人来说很不习惯；而且会有人检查，检查桌面，检查穿着，检查你有没有吃东西。比如有一次，办公室的一个垃圾桶里出现了一个喝完的豆浆袋子，没有查出到底是谁丢的，结果坐在那儿的一排人都被罚款。

恒温：这是我听过最和蔼的槽，那这些规矩也不是针对外包人员，是对所有人都是这样吧。

Yuki：是的，就是在国企规矩比较多，如果要进去就要牺牲一些东西。

恒温：好，节目进行到现在，也差不多一个小时了，感谢Yuki给我们带来的分享，并且请Yuki给我们做下结束语。

Yuki：如果大家对金融行业感兴趣的话，可以进来尝试一下，就是要多学习一下业务方面的东西。

13. 测试行业如何迎接未来的挑战

主持人：Monkey

嘉宾：国文，小兔

曾几何时，外包=工资高，但是随着市场的发展变化，外包也在慢慢失去这个显著优点。不管你爱与不爱，外包就在那里，不会消失。除了努力跳出外包围城，我们能做的还有吐槽。

嘉宾小兔： 下次能不能讨论一下，那些非计算机专业的人为什么走入软件行业做软件测试？我自己就是这么一个人，来自一个八竿子打不着的专业。

Monkey： 其实面试面到现在，我碰到很多人都来自八竿子打不着边的专业。

嘉宾小兔： 所以我想问问大家是怎么想的，是都和我一样，当时脑袋被门挤了吗？

Monkey： 我觉得基本上属于这么几类——这个在我6月份出的那本书里也会写到，第一章写的就是面试。

第一种就是像你一样脑袋被门挤了或者小时候被猪亲过的，完全是一时脑热。

其他还有一些普遍情况是：第一种，找不到工作了，但是发现软件测试门槛比较低，于是我就去应聘了，这种情况是比较多的；第二种，虽然不知道软件测试是做什么的，但是花钱参加过培训，那么培训完了就要找一个对口的专业；第三种就是，无论是不是相关专业，我立志要为IT事业做贡献，本来想做开发，但是过了半年一年之后，发现自己能力不足，于是就委曲求全，转做测试，测试也不错。

在大概2007～2010年之间，做测试的人基本上没有几个明确知道测试是干嘛的，或者说是奔着这个事业或者岗位来的。你问他，为什么做测试啊？他就这个理由那个理由；你问他测试到底做什么的啊？他也说不清楚。基本上大家都是比较茫然的，其实无论来自什么专业，大家都在同一个起跑线上。

小兔：我也参加过软件方面的培训班，当时我们的培训班分为两种——对日软件外包培训班和对欧美软件外包培训班，专门为软件外包输送人才。而且这个培训班是不收学费的，只要参加培训的学员结束后能找到工作就行。

Monkey：还有这么好的培训班？它靠什么挣钱呢？

小兔：主要依靠政府补贴，只要参加培训的学员能在当地就业，当地政府也是大力扶持软件外包产业。

国文：对，其实外包产业是有旧例可循的。我们知道，制造业曾经解决过许多就业问题，很多初中、中专毕业的人都成功进了工厂。后面由于国内汇率的上升，慢慢地制造业出口受到影响，同时还是有就业问题需要解决，政府突然发现，外包是个好行业，它可以解决大量的应届生就业问题。不管他是不是计算机专业，都可以把他培训出来，所以某外包公司内部的某某大学就诞生了。

政府只要开一个软件园，然后建几栋楼，这些楼可以免费给这些外包公司用个三五年，接着外包公司就可以去招很多应届生，并且拿到政府补贴；再把这些应届生送进某某大学里面培训，培训完了就直接把他们派到对应的项目里面去，面试过了就可以上班了。所以说，早期的外包应该是中高端的人，通过人脉的关系，靠谱的人介绍过来做外包，后面就转变成这种卖人头的外包，完全就是劳动力买卖，最后IT民工这个名称就这样诞生了。

小兔：而且我觉得这种外包，真的会拉低外包行业的整体水平。比如像我这样，大学四年从来没有系统学习过计算机软件方面的知识，被填鸭式的培训了两三个月，然后被迫参加面试。可能天分再高，还是比不过那些真的经过系统教育的人。

当然也不排除有些人发现自己喜欢这个行业，于是努力弥补差距。只是大部分情况下，大家就是出来混口饭吃，少有人发誓为IT事业做贡献的，所以这种培训式外包真的会拉低IT外包行业的整体水平。

Monkey： 好，我再问个问题，虽然我没做过外包，但是被很多外包公司面试过。如果是外包的话，在面试流程上肯定是和正式员工不一样的，这一点你们是不是认同我？

小兔： 是的，我认同。

国文： 对，基本上是这样。

Monkey： OK，还有第二个就是，我觉得外包是不是这样的，外包公司和某家公司签了一个合同，这个合同有一个总价。比如有10万的总价，有10个人头；假如第一个人，无论能力如何，谈到了2万的薪酬；那么剩下的9个人，不管能力再怎么出色，也只能分剩下来的8万，对吗？

而且按照这种逻辑，假设前面9个人的技术都比较差，但是他们已经分掉了9.5万，最后一个人非常厉害，却只能拿到5000块，而且无论如何外包公司也不能给他加价。

国文： 对，没办法加了，这个钱的总数是一定的，然后外包公司要先扣掉自己的利润，剩下的才是分给下面的人头的。

早期时，也就是汇率高的时候，还是蛮好的，那时候的软件测试，比较厉害的可以拿1万多，也因此吸引了大量的人做软件测试。

在行业初期，如果外包公司的销售人员成功推荐了一个能力很强的、深受大公司方老板青睐的员工，那么这个大公司的外包项目可能就全部委托给这个外包公司了。

但是到了后期，竞争越来越激烈，外包公司越来越多，就出现了什么状况呢，变成一个买卖，比如买三送一、买四送一这样子，Monkey你知道买三送一、买四送一是什么意思吗？

Monkey： 我不是很明白，我正在准备给你换一首很抒情的音乐配音（欲求配音详情，请听本期广播）。

国文：买三送一就是，大公司你要招四个人，那么我只收你三个人的钱，第四个人算是送你的，已经激烈成这样了。

我个人对面向欧美企业和国内企业的外包比较了解一些，面向日企的外包不是非常了解。上海这边的对日外包我只知道一个新致软件（上海新致软件有限公司）。

其实做对日外包，很多人更希望直接去日本。如果在日本的话，早期情况好的时候，工资一般会有30万日元。但是后面听说价格越来越低，可能到了25万日元。

Monkey：我算算啊，20万大约是1.1万人民币，25万大概是1.4万吧。

国文：东软应该是有做对日外包的，国内的对日外包更低，去了日本的也许稍微好一点，而且大家可能都知道日本企业的加班比较严重。

小兔：国文说的这种是把人直接"卖"到日本去，还是说外包公司会把项目拿过来到自己公司做。

国文：两种，一种是日本过来的，比如在大连，日本的项目拿过来在大连做，还有一种就是直接把人"卖"去日本的。

小兔：我有一些朋友就是做对日外包的，他们工作会很累，正常是四加一还是五加一，就是周六和周日一定要有一天加班，晚上无论有没有活做，强制要求在公司待到十点以后。

他们公司是日企在中国的分部，会把日本的项目拿到自己这边来做。据说是日本客户要求他们全部都加班。很多人其实活干完了，但是不能走，只能在公司等，感觉就是整个人都卖给公司了。然后可能因为大家没有时间出去找男女朋友，所以造就了很多对儿办公室情侣。

Monkey：这个我也不得不吐槽，我曾经在一家日企待过，名字就不说了，这段经历算是让我此生难忘。

日企里面的test case叫作式样书，这家公司很牛逼的一个地方在于，他们所有的式样书——不管你有多少个case——全部都是用打印机打出来并且装订好。然后每天看到的式样书都是从地板叠到天花板这么高。

小兔： 好不环保！

Monkey： 对，并且要求每个式样书上的每条case至少得跑三遍，画三个圈，如果有一个叉，那么重新跑。

最终会拿一张能够铺在地板上的非常大的纸，来记录每一个项目上面到底是圈还是钩，这个式样书打印到目前为止还是这个样子。

国文： 所以你做完了，都要打印出来吗？

Monkey： 不是，是你必须先打印出来，一边做一边在上面画圈圈。

小兔： 就是所有的记录都是纸质的，没有一个电子管理系统？

Monkey： 其实有管理系统，但是他说我就要纸质的，这就是我觉得日本人被原子弹轰过脑残的地方。

国文： 我听说过的是，日企做测试的时候，每一个步骤都要截一张图，然后把每张截图发给客户，表示你已经把case都测试了。

小兔： 然后外包公司还有两种情况，不知道有没有人遇到或听到过。我的上一家公司，不知道为什么跟外包公司吵翻了，然后外包公司马上撤回了所有的外包人员。还有一种是公司里就不想要那些人了，宁愿违约，也要把那批外包员工全部解散，遣送回外包公司。

我觉得这种事情对于被外包的人感情伤害很大。被遣送回去的第一个月里，好一点的外包公司也许会正常地给你发工资，过了一个月如果还没有适合的工作，可能就面临着被迫离职，这一点挺坑的。

Monkey： 这个实在是，遣送，意思是他偷渡到了外包公司，偷渡到了乙方对吧，然后被对方送回来。

国文： 没有，人家是直接取消你的签证，对吧，你直接就黑了，你懂的。

小兔： 目前国内有一个说法是叫遣送，我朋友真的碰到这种情况了，但ta还算比较好，很快就找到新工作。而有的人是在没找到新工作的情况下被迫离职了。还有的公司，某个月暂时没有活儿干，就把外包来的人暂时送回外包公司，不给你发正常的工资，只给你所谓的非常少的基本工资，在上海这种大城市，交完房租就不剩什么钱了。

国文： 最近两年，外包行业里出现这些情况蛮多的。还记得曾经有一个来面试的人问我，这项目能做多久啊，做完这个项目后面还有项目吗？当时我没能彻底明白到他什么意思，因为我们这边项目一直有，不怕没工作，后面我才发现，原来有很多公司，销售或者业务拿到的项目是临时的，三个月或六个月，于是就有很多人，三个月做了一下这个项目，中间空了，等在那儿领基本工资；然后再去面试另外一家，做了六个月，然后又等在那儿。有人甚至是一年做了好多项目换了好几个公司，面试的时候写的简历让人震惊，做了这么多项目，每个项目都只有三个月，还有的只有一个月，还有中间很多时间根本说不清楚你在干嘛。

如果闲人多了，外包公司就要想尽办法把这些人赶走，用的都是各种奇葩的理由。

说个故事吧，某同学能力很强，外派的大公司很满意，想要派他到国外工作，于是提前和这位同学通了气。同学满心欢喜，可是过了一段时间却没了声音，几番打听，外包公司的管理人员已经用别的人顶替了他。

该同学愤怒地去和管理人员交涉，领导告诉他公司在某国还有很多人没活干，正好你这个名额可以让给他们，所以你安心在国内工作不要再抱有出国工作的幻想。最后这位同学只能郁闷地离开了。

所以说，外包可以吐槽的是什么呢？就是有一些中间层，他可能不是从技术做上去的，只管拉项目，屁股决定脑袋，他想到的就是钱的问题，以及怎样让利润最大化，所以经常会黑下面一些有能力的技术人员。我们这些IT人呢，在这个厚黑学上就不如这些人了，屡屡中招。

小兔念听众吐槽：我们这儿一个外包公司的员工被拉回公司后，只给基本工资，他觉得还有两个月就能拿到年终奖了，就等着，然后上层说他不服从管理，年终奖也不给了，还只给人两个月的基本工资。

还有一个同学说，之前在某公司实习，派遣岗，做了一个多月辞职了，现在过去两个月，以前一起派遣的同学都被要求搬出办公大楼，搬去公司新租下来的写字楼，专心做一个派遣员工了。

14. IT人员该如何保持健康

主持人：恒温，Monkey

嘉宾：无

本次由Monkey和恒温回归来谈论IT互联网人员的健康问题，同时也爆出了个别公司黑暗的历史，其实很多时候我们不知道的事情还很多。那我们要如何健康工作呢？我们又为何会变得不健康呢？

（开场）

恒温：大家好，本期的小道消息又和大家见面了，我是恒温，我现在在杭州，我现在应该是下班状态。

（恒温和Monkey就围着片子几句话闲谈后，Monkey开始做自我介绍）

Monkey：我是Monkey陈晔晔，刚刚下班，本来约到晚上十点钟的，现在已经22点22分了，我刚刚写好了一份惊天地泣鬼神的移动无线的性能测试报告，我估摸着某大型金融互联网公司应该没有人能够写比我这更长的报告了。今天的话，这个主题其实是一个早就帮恒温定好的，但就是一直都没有空去讲，恒温你看我们这个主题先从哪个切入点开始说好呢？

（正文）

恒温：这个主题应该是一个老生常谈的话题了，每次都是有人奋斗到死之后，然后就会有一大堆人跳出来谴责说这个不好之类的话，然后慢慢地等这个声音下去之后，大家就忘掉了。

我觉得我们首先就要对自己有个定义。在IT界的，除去那些比如说很高层的人之外，我们可以把自己定义为"IT 民工"。那其实大家可以在百度上搜什么叫"IT民工"，那"IT民工"的意思非常大。这个"IT民工"指的是易得亚健康病、会议上经常"头脑风暴"易头痛精神衰弱的人群。我觉得我们测试也算程序员的一种，就是说它其实是属于一个高风险的职业，这个我不知道Monkey你怎么看？

Monkey：其实说到这个topic的话，其实是因为之前在去哪儿网认识的一个姑娘去世这样的一个缘由，这个事我不知道有多少人知道，反正在TesterHome这个群里转发至少有20多次了，一时间就有很多人都说出有这样或那样的消息了……

现在基本上很多IT工作者都是处于这种亚健康状态的。举个实例来讲，比方说你在早、中、晚的三餐、平时上班的那个姿势等这些我们自己是否有注意过。像我们团队之前有个开发，由于加班、工作量大，平时也没怎么注意自己坐姿什么的，坐着坐着就有腰椎间盘突出，中间也休假了一段时间。然后我们就调侃他修bug修到腰都直不起来了。其实平时很多我们不注意的细小的环节都会给我们的身体带来或多或少的伤害。

再举个例子，之前的话，比如某些公司会有个比较丧心病狂的事，就是让人做秘密项目，所谓秘密项目顾名思义就是不想让外面的人知道，那恒温你猜猜看他那个所谓的秘密项目公司是怎么要求员工的？

恒温：很多公司都有这样的事吧，就是把很多个人圈到一个小房间里面去，然后不准外面的人进去，也不准他们出来。然后就要死命地开发，到整个原型出来为止。

Monkey：对对对，他们其实也是显示自己土豪的一面嘛，就是租了一个很高大上的五星级酒店，然后一群人住在里面，手机不能带，反正就是闭在里面，闭了大概有两三个月后就相当于关在地牢里面，出来后都不知道外面是什么样子的了。

恒温：我觉得很多公司，都有这样的事情，其实当年淘宝这个项目就是这么做出来的。

其实在这个IT界，这种现象已经屡见不鲜了。尤其是国内这种恶性竞争的环境，你稍微有点风声出去，人家马上就copy出来。特别是腾讯，山寨之王马上就出来了。我觉得做上市的话，对于员工的健康应该有更好的方式。在国外，可能也有这种封闭式工作，但是可能封闭式里面的对应配套设施相对会好一点，至少不会以牺牲员工的健康为代价来做这种事情。因为据我所知，GitHub这个公司，它的员工的工作时间也是很奇葩的，因为GitHub公司是服务于全世界，因此它的员工有半夜上班的也有白天上班的。但其实他们的员工都工作得蛮开心的。但是话说回来，其实我们这些IT民工也是蛮贱的，他有的时候就是喜欢晚上工作你有什么办法，所以这些问题你自己不关注，公司也就为所欲为啦。

Monkey：现在微博也有很多人在说："我真的不是喜欢晚上工作呀，我是真的白天没时间工作。"你应该也会发现，开发人员也还好，但测试这边就特别明显，你一会儿这边有个杂事，一会儿那边有个杂事，所有的人都会默认好像测试比较清楚需求的，包括比较清楚一些用户逻辑的或者怎么的。那他就变成了十万个为什么了，大家都想过去翻一下，然后你得一样解答。像这样的话你说白天哪里有空？我不知道大家是不是也这个样子……

恒温：我基本也是这样子，我觉得测试基本上处于一个比较惨的状态，开发觉得他白天开发，然后做好了就晚上扔给你测试，跟着第二天就想知道结果。所以这个问题就特别明显，特别是在一些走短平快或者是走敏捷的公司里面。因为老板会觉得开发的速度这么快，那么对测试的速度也要这么快。他们一直都觉得我们是在走一个平行的路。但无论你再怎么样敏捷，再怎么样平行，你也不可能完全地平行作业。就是说开发在开发，我就在测试，至少都要有一个提前量。但是很多项目都没有那个提前量，想到哪做到哪，需求都是拍脑袋过来的。开发应对这个需求，一个是摸不到头脑，另一个是非常忙。所以当他们开发好之后一股脑扔给测试，通常都是下午六点或者是下午七八点这样子。测试好像白天看上去一点事情都没有，可以偷下懒然后晚上加班，这种情况也很多。还有另外一种就是测试白天也很忙，就是你白天不停地发现bug，然后到晚上开发说这些改好了给你测一下，这种情况也很多。

Monkey：虽然说的是健康，但是可能引发出很多问题。在今天早上有个报道说微软要裁剩下的15000多人。相对他们来说测试这个首当其冲要被裁掉，那这个事情今天在微博的转发量也是很高。我看到很多人都有自己的看法，我也只回了一句：不管你们有任何的原因，也不管你们有什么立足点，反正就一句话，你与其他人相比，你测试做得再好，其实也是没有产出的，也不是说你不好，但其实岗位的性质就是这个样子定义的。我个人觉得微软迟早是要倒闭的，这是毫无疑问的，甚至近几年就会倒闭，但是就像这样的一家公司，当它需要腾出很多钱的时候，它首当其冲就是要裁测试的。就所有的人，也许你没有这个想法，但是我觉得是从一个岗位性质的角度出发、或者从一个公司老板的角度来讲的话，你可能也会那么做。

恒温：我有点不同意的是，微软毕竟做了30多年，我估计它可能是慢慢地走向IBM的路线，要倒闭的话我估计太难了，特别是像这样的一家公司。说到这个裁员，其实外企最近的这股裁员热，就预示着外企的繁荣已经不在了。在外企工作真的蛮开心的，没有现在感觉这么累哦。在进阿里之前我从来没有感觉做测试会累过，现在真的把我累到了⋯⋯

（Monkey和恒温都无奈地笑了～）

恒温：应该是国内的这个IT环境的问题，我很早前就说过国内的这个《劳动法》应该重新修订的，在国内的这种保护群体一般是针对工人、劳工的。它并没有把这种用脑力劳动的，比如说你金融界、IT界的脑力劳动者放在里面。但就这个目前看了很多脑力劳动者的劳动程度要远远超过这个体力劳动者。大家都以为这样子坐着一整天是蛮舒服的，但是其实这样对身体伤害是很大的。这使我突然想起一个笑话，就是说之前湖人队的那个科比，他说：你有没有见过凌晨4点钟的洛杉矶？他这个问题问的是别人嘛，肯定没有问"IT民工"问程序员，如果他问"IT民工"，"IT民工"肯定会回答他我凌晨4点、凌晨七八点都见过。

Monkey：像刚刚也有人提到这个产出，不是表面看到的。像我现在会问很多人你们的leader或者说是老板是否测试出身，如果不是测试出身的，我帮你跟他说什么测试都没有用，因为他根本不理解。那么他也不会去理解什么说你表面上的产出或者非表面上的产出，人家根本都不care。说实话，我进入这家公司有很多人跟我说，不管你是做自动化还是什么的，你得有一点点技术，就是你得有一点点产出，这个就是最实际的。对于很多人来讲，晚上工作还是会弄很晚，像我现在还是经常一两点钟睡的。但对于公司对于领导来讲，so what！他care你吗？一点都不care。他只care做出来的这个项目或者说你平时做出来的这种成绩。

像另外一个就是我经常提到，这个去哪儿网的事情。其实大部分都知道这个富士康或者说华为啊，当然这些都是以讹传讹啊，大部分人也不会说我经历过或者怎样。相比很多不同的人来讲，我在最早的一家公司的时候我是经历过这样类似的事情，就像很多人可能会觉得我发出来的邮件或者是看到过知道这样的消息。但其实有很多事情是我们不知道的，比如说，重病或者说住院，或者说捐款，又或者说怀孕流产等等，像这一类事情，只要是不死人的，就不会有什么新闻爆出来，你们也不会在QQ、在微博上面看到。那这些事情你们知道吗，你们并不知道呀，但这种事情是非常多的。就像在TesterHome上面有人跟我聊，说："其实你真的是不知道，你们知道的所谓的996、916、917，这些对我们公司来讲都是小儿科，我们这里根本就是你们想象都想象不到的。"但聊下来我也慢慢发现，自从小米那边996，阿里996等等996之后，在上海发现有很多公司，特别是那些创业公司，慢慢地把996变成一种正常的，就像《劳动法》规定了996一样的。

恒温：那个我也不知道996到底是什么时候流行起来的，其实那个流行我觉得是一件非常非常糟糕的事情。特别是浦东那一块，政府为了扶持企业或拉投资，它在法律上做了一些让步。它允许你无条件地加班或者是允许公司来调整上下班时间，这样就成了变相地压迫程序员。有了政府的支持，企业就更加地肆无忌惮。我个人理解企业都是为自己着想的，它不会为员工着想的。那在这个中间政府其实是起到一个推波助澜的作用的，因为这个民生企业可以给他交税纳税，为了收到更多这种经济收入，它肯定是会鼓励甚至助长，暗中帮助公司来做这些事情。从整个业界来看，现在加班的越来越多了。

Monkey：其实说到底还是加班的问题，很多人其实是无所谓这个996不996的，就是我不care你是不是996的，我就是还有点我行我素的。但是大部分人是这样的一种情况的，他进了一家公司，到了6点所有人还不走，到了8点所有人还不走，到了10点所有人还是不走。那久而久之这个人只能选择辞职，除非他跟随大部队。哪怕这家公司没有说过996，但他也得996。

我以前帮一家创业公司谈过，那个老板是这样跟我说的："我可以允许你做5天，正常地上下班，但是你要想想看，我虽然是认同你的，但是这样你会影响团队的士气，你也会给团队带来不好的影响。"那么从老板的角度考虑来讲的话，可以理解为我们是friend，他可以理解我，我也很欣慰。但是从一个团队的角度来讲的话，他这么说我也可以理解。说难听点，他不能因为我这样一个人，可以理解为苍蝇，然后坏了一锅汤，这样肯定是不行的。虽然这锅汤本来就已经是臭的，但就是在这种情况下，你不996吧，公司不说996

吧，无所谓，整个团队就是这个氛围，你要干就干，不干拉倒。

恒温：其实从公司的角度来看，它其实是无可厚非的，但是它并没有带来什么效率，我觉得加班的效率其实是最低的。

Monkey：说实话，当然我指的是大部分人，上面的管理者我不知道，但多多少少都知道加班的效率是不会提升多少，这没有错，但可能有些公司喜欢用数据或者喜欢用所谓的experience来说话。我碰到很多人跟我说，就是说我不知道效率有没有，其实我以前很多项目就是这么集中赶，就是这么996，就是这么加班赶出来，就认为我们现在做东西也得这么这么做，他们就是准想法，没有客观地去衡量的。

恒温：对，这个其实有人说过这样一句话"加班不一定完得成，但是不加班肯定是完成不了的。"对吧，我们现在怎么都说到加班的事情上了，我们本来是要说健康的。

（突然发现话题跑偏了，从聊健康变成聊加班了，聊着聊着再回到健康的话题上）

Monkey：我一直倡导一个人活着一辈子，你得带给世上一点什么，比如说乔布斯把苹果带给了世界。比如说我把那本书带给了行业是吧。这个世界上有很多很多的人，就像你刚刚说的，我做不了我就加班，拼命加，怎么办呢，我先在公司做出点成绩来，但就是说如果发生一些不测或者怎么样的话，到最后我觉得是真的得不到什么东西。你说钱吧，我真的是觉得不是说钱没用，但是我觉得就公司给的那点钱真的不算啥钱。所以说其实你说到最后怎么样怎么样，这个其实也是没有办法的。

恒温：中国人辛苦了一辈子，大部分的钱都扔给了医院，另外一部分钱给了房地产……

Monkey：我还想起了一件事，像之前那个孕妇的事情，就有人说，公司是有问题，但那个孕妇自己也是清楚自己的问题，为什么不向公司请假什么的？其实我想跟大家说，大家在外面打工为的就是一份钱，对不对？但有很多时候你身不由己，大部分人都是有侥幸心理，觉得我没什么问题，我休息休息就可以了，不至于因为这个事情请两天假，到时候万一丢了这份工作了怎么办？在那个时候肯定觉得丢了一份工作的事大，所以我肯定会加加班，熬熬就熬过去了。到最后身体怎么样了或者流产了，后悔了怎么样……我想说人是想着自己的，但是有时候为了钱是没有办法而且无可奈何的。有时候如果遇到一些通情达理的leader或者旁边有人帮你担着点还OK，若碰到个死活不管的leader或者旁边的人也不怎么管你的，那你怎么健康，想健康一点也健康不起来。

恒温：关于孕妇的这个事情我觉得也是蛮黑暗的，包括我老婆怀孕都是辞职之后怀的。基本上班如果你要怀孕了你就惨了。因为她是建筑行业的，建筑行业比我们IT的话会累很多，但他们的收入也会比我们高很多。我个人觉得到目前国内对孕妇的关怀是远远不够的，特别是企业，企业中尤其是民企做得非常非常之差。如果大家有幸在身边发现自己有孕妇朋友的话，你应该可以感受到。其实怀孕之后的确会对整个项目进度、对整个团队工作起到负面的作用，而且其他人都会有想法，觉得你孕妇了不起什么的想法。但是你将心比心，当自己或爱人是孕妇的时候也是会想得到大家的照顾。我其实也想呼吁所有的公司真的要对孕妇好一点，讲不定这个小孩将来会收购你公司或者加入你公司。其实蛮遗憾的是我们公司以前也发生过孕妇的事情，具体情况我现在也不能说，因为说出来可能会影响到一些东西，但在最早听到的就是有孕妇的小孩没了，这个大家应该都知道……

Monkey：我个人觉得大部分情况差是不会直面非常差，就是说领导不会要求你必须加班什么的，因为这种事情大家眼睛都看着的，没有必要这样子做，这样影响很不好，大部分民企老板是怎么做的呢？很简单，他会慢慢慢慢，或者很明显地被动地感觉到你有几种选择：第一，请你马上滚；第二，你之前手上的期权啊股票啊，都不用履行了，你履行了也没有用，反正也不会给你的，老板说了算；第三，就是他不会要求你加班，但是你做出来的东西不好有差评呀，你自己看着办，他一分钱也不会加你。大部分民企的老板，你不要看他们人怎么样，有些时候，跟你不是讲人情，他们要从团队角度考虑的时候，当然也不是说从团队角度考虑这样是对的，但碰到这种情况的时候，大部分都是这样想的。

恒温：其实在国外有"工会"这样的概念，我们国内就缺失"工会"这个概念，从员工的角度、从社会的角度，应该有一个代替工会的角色来关怀我们这些弱势群体。

（接下来聊聊一日三餐及生活规律）

Monkey：话说回来，除去出差，你一日三餐是怎么解决的？

恒温：我早饭都还是比较喜欢在家里做的，至于午餐跟晚餐都是地沟油居多。我对吃不讲究，只要能吃饱就可以了，在上家公司的时候都是点外卖的。

（恒温这里有打淘点点广告的嫌疑哈哈）

恒温： 我觉得在上海比较好就是比较规律，能够到点吃饭睡觉，但有点不好的就是住得比较远，如果回家吃饭就要到八九点，如果在公司吃饭就必须加班。我前面碰到过几家公司都是规定如果你要在公司吃饭就要加班两小时，到八点才能走，这是非常讨厌的。现在出差在杭州，我个人觉得阿里杭州对待员工还是不错的。在杭州这边特别是西溪园区能够把你照顾得很不错，如果你是单身汉，你又把公司当成家的话，来阿里是很不错的，有很多女生，说不定还可以成家立业哈哈。当然，如果你能去Google的话肯定是首选Google。

我觉得一家公司要留住员工，首先要留住员工的胃，这一点阿里做得还不错。像Monkey就知道我在上家公司出差住宾馆，吃也吃得很破，但在阿里对员工的差旅补足是很给力的，而且各个园区对应的配套设施也很好，除了它对工作强度和工作安排不太合理之外。

Monkey： 现在很多人都弄站立办公，你怎么看待这个东西？

恒温： 其实我一直都很想弄个这个，如果一直坐着的话，对男生来说前列腺有点受不了，容易得脂肪肝。因为我们IT坐着办公的时间比较久，特别是男生要多关注前列腺、直肠。推荐是在30岁之后要多注意直肠，长期坐着容易得直肠癌。另外特别注意的是脂肪肝，在我周围不管胖的瘦的，都基本患有脂肪肝。像我这次体检报告下来，医生看着我就像看着死人一样。年纪轻轻这样就三高什么的都有了哈哈。我觉得我们IT啊，除了公司给的体检外，自己适当地加一些体检项目。比如说肿瘤、血流数等，我觉得做IT长期对着电脑，有辐射不是没有道理，对整个身体还是有伤害的，有些该花的钱还是要花的。最好是带全家人一起去体检下，有些东西可以及早预防还是比较好的。

阿里这边还有健身房哦，健身房里美女很多，哈哈我又在给阿里做广告了。我觉得程序员应该做的几件事情，一是工作之外报个健身房，平时多跑跑步健健身；另外一个就是多找一些朋友不要一直宅着，应该多出去走走，不要闷在家里睡觉或者打游戏。

其实刚刚讲到去哪儿网的那位同学因为是脑溢血哦，最近其实发生了蛮多，不止她一个。为什么会频繁地爆出这种事情呢，像那个姑娘怎么会脑溢血，我觉得她就是没有去定期地做体检，因为很多脑溢血还有像心脏猝死的那种，应该在体检中就可以发现的，比如说你血压高、脑梗啊什么之类的，像这样的东西我们可以提早预防，适当调节你的工作压力，会对你的健康有较大帮助。能不能调整就听天由命了，当然你要表达出来，如果你自己都不表达出来也没有人能救得了你。如果在健康和工作中间挑一个的话，一定要挑健康，不要去挑工作，否则的话你真的会成烈士。

Monkey： 那很多人也是没有办法的咧，对吧?

恒温： 当然没有办法是一回事，另外一个其实很多人是要强，这种是一半一半的，觉得自己年轻，什么都扛得下然后就在消耗这种青春。我觉得Monkey也在消耗自己的青春，因为每次半夜的时候他都在。像我早些年的时候也是半夜三四点的时候还在，感觉自己头顶冒着烟，然后像蜡烛一样慢慢地就烧光了。

Monkey： 这个不是没有办法的吗，其实很多人都跟我说时间不够用，但其实在我面前你们的时间都是够用的。

恒温： 其实怎么说，无非就是钱、时间和健康，现在我个人觉得这三样东西都可以互换。我们试图在这三个中间找一个平衡点，问题是这三个都是未知数，你无法确定该拿哪一个去搏。当然，我觉得有些事情我们可以提前预防的，就是健康。另外一个，是时间跟钱。钱，我们是赚不完的，时间你是不知道的，只有健康是你自己可以把握的。

Monkey： 这种事情都是说不准的，还有另外一种就是，很多人非常care自己的行为饮食健康什么的，但可能就某些他觉得健康的行为的，而导致怎么样了。所以，养生之道是一门很大的学问，要科学。我以前就得过一场病，从那个药的价格你们就可以大概猜出是什么情况了，那个时候每天都要打那个肌肉注射的呀，那种药是从一个小瓶子里抽出来的，那样一瓶的价格大概是170多，就每天都要打，打了很长一段时间。当然也消耗了很多钱，但就像恒温刚刚讲的，我存活下来了，嘻嘻。

恒温： 总之，我觉得大家都不容易，千万不要有一天大家聊着QQ，突然就弹出一个消息说某某去世或者有一天你睡着睡着突然就醒不来，那也真的蛮悲惨的。怎么说，不管是你还是我，我都不希望我们在网上说的话或者在字里行间表达的意思会成为最后的墓志铭，这是一件非常悲哀的事情。我不希望工作给你带来的伤害会影响你的人生或者影响你的家庭。

（突然间话题变得很沉重起来）

大家应该都有听过在网吧玩猝死的这种事情，其实我在高中的时候就有同学在网吧玩通宵去世了。那么好的年华就在网吧去世了……其实大家不管是工作还是其他事情，都要适可而止。不要为了这些事情把自己的性命或者是健康搭上，这样真的非常不值得。

Monkey： 反过来说，我觉得这个世界就是这样子的，我不管你是想得到名还是得到利，至少到现在我没有看到过任何一个人是正常作息的，然后在很年轻的时候就得到某些成就什么的，这些我都是很少看到的。我觉得这是一个平衡，但是根本没有办法以正常作息的生活态度来达到我一个目标的，这根本就不可能。

恒温： 所以说，为什么科比说你没有看过凌晨4点，然后我们程序员要看凌晨6点，凌晨8点。就是说，我们每一个岗位要付出的代价都是不一样的。我们只有付出更多，才能得到相应的回报。其实整个跳出来讲的话，整个社会体系也在起着非常大的作用，我们能做的也就这些事情。我个人觉得事在人为，像我现在是脂肪肝，我每天都要吃很多药，还要定期检查。主要是肥胖造成的，因为我现在体重是超标的，然后还有各种工作职业病，像颈椎炎呀，肩周炎啊，当然我坐骨神经也不好，坐久的人都这样，庆幸的是我没有鼠标手哈哈。然后血压有点偏高，人到中年肚子有点偏大，这都很正常。医生也有说要坚持吃药、多锻炼、少吃，对吧。但是很多时候你控制不住自己就会跟我一样，然后我也差不多要三十了。三十之后身体每况愈下，像我身边有个同事，他已经过三十了，他经常会跟我聊起说身体状况真的一年不如一年。特别是在我们这个IT行业，你做多一年，就是消耗多一年的青春，如果你消耗一年的青春赚到的钱不够你下一年的健康花销的话，那我还是建议你离开IT行业。

（结尾）

Money： OK，还是祝愿所有人能够长命百岁，祝愿所有的人能够平衡你们的工作和你们的生活。我觉得每个人至少都要有个追求，对吧。你可以追求吃，或者你追求旅游等等，不管怎么样，活在世上你都是要享受的，不要把时间都给了加班，这样是没有意义的。

恒温： 今天我们讲的是健康的问题，按照网上说晚上11点到1点之间是肝排毒，要深睡，但是我们都没法做到。往往我们觉得好的东西都做不到，因为我们做不到所以希望你们能做到，这一般来说都是过来人的想法，我们因为这种作息已经受到伤害，所以我们大家不要因为这种作息而受到伤害，最后谢谢大家今天在这边陪伴我们。

15. 测试30岁的时候会面临些什么问题

主持人：Monkey，小兔

嘉宾：恒温，国文

恒温： 古语有云"三十而立"，现代人的寿命比古人延长了很多，生活的选择也更多。有人可能在30岁的时候刚刚走出校园，有人已经在事业上有所成，更多的人可能还没有显著的成果。你的30岁是什么样子，你期望的30岁是哪种色彩？这期节目我们来聊一聊测试人的30岁，虽然没有技术干货，也没有感人肺腑的故事，但是句句平凡朴素又真诚——正如我们的人生。

小兔： 恒温你做测试多久了？

恒温： 我对时间的概念比较模糊，我是2008年年底转做测试的。我觉得Monkey现在经历的生活和我差不多吧，有家庭，有房贷，有好多地方要花钱。

说到家庭，我一直认为不管老婆是否工作，对家庭来说都是一个很重要的角色，她对这个家庭的贡献比我要大很多，比如说带小孩会很累。

小兔： 你家小孩长得越来越可爱、越来越帅了。

恒温： 那是你没看到我的大娃吧。

小兔： 你不带这样黑他的好不好，两个都很帅好不好，只是帅的方向不同。

恒温：然后就生活来说，我从结婚之后才开始觉得生活压力真的非常大。在结婚之前完全没有觉得生活有什么压力，一般钱拿到就交给家里一点生活费，然后其他的都花掉。就是都洗发水都不用买了，整天用花王洗发水。结婚之后却永远觉得钱不够用，有各种地方的开销；而且你不可能再去问爸妈要钱，享受他们的照顾，而是反过来要给他们钱。然后物业费啊这种杂费都来了，全都来了。结婚前你就是一个小孩，结婚之后你就被迫突然变成了一个大人。其实你的内心还是一个小孩，所以要和自己不停地做斗争，你要自己变成大人，但是你又想做小孩。女人总是说男人长不大，他的确是不想长大，特别是在承担那么多压力的时候，有的时候真的很想逃避。我觉得有很多人，特别是像我们做IT的，30岁之前都还没有结婚之类的，其实真的很好。我觉得男人结婚要么早要么晚，就不要在中间，比如说27、28、29岁。在工作走向正轨的途中去结婚，去有家庭或有孩子，会成为对事业的一种很大的阻力。

小兔：你是在说你自己吗？

恒温：我刚刚有考虑过自己的这种状态，有一部分是在说自己，有一部分是在劝大家。对于组建家庭来说，要么早要么晚，千万不要选在中间。因为大部分人都是选在中间，一方面是要和别人竞争，另外一方面将来你的小孩也要和别人竞争，那你还不如干脆晚一点，或者早一点，大学出来就生小孩。

小兔：那个太早了吧？那时候真的是一个孩子。

恒温：没事，那我有一个同学就是大学出来就结婚生小孩了，现在孩子也很大了，他可以过得很轻松。

Monkey：没事，我当初有一个同学大一就生了。

小兔：呵呵！你同学这么牛？

Monkey：很正常。

恒温：所以，一个人算不算30岁得看他的生活状态，个人觉得当你有房贷、车贷，然后有小孩，有老婆，有家庭的时候就已经是30岁了。

Monkey： 那30岁不就是步入坟墓了吗？

小兔： 这个是说婚姻还有家庭是爱情的坟墓吗？那还是有很多人赶着往墓里走。

恒温： 我倒是没有觉得婚姻是爱情的坟墓，只是婚姻是一种约束。更多时候婚姻和家庭是一种责任，和爱情这种东西可能就无关了。

Monkey： 我觉得生活在这个社会里面是不会存在理想的，我指的理想不是个人理想，而是说你们在电视剧里看到的那种感情的理想，除非你是富二代。

恒温： 对，不是有句话叫"贫贱夫妻百事哀"吗，就是说各种压力面前一段好的感情也会变质。

小兔： 恒温说男生不想长大，其实女生也是一样的，没有人愿意真的长大。想到一个电视剧的台词——每个人都是跌跌撞撞被强迫着长大的。

恒温： 女生还是和男生有一点区别，就是女生怀孕和生小孩的这个过程——妊娠的过程，它会改变女人，非常大地改变。经历这个过程之后，女人会一下子成熟，因为她要护犊，要保护自己的小孩，这就是天性，很native的一种东西，骨子里遗传的东西，所以女人要了孩子就会长大，就会成熟。

Monkey： 不过从工作上来讲这就是天生的劣势。

恒温： 对，这个没有办法，当然现在90后的女生感觉对自己的孩子好像不是那样，经常看到有新闻扔自己小孩或掐死小孩这种。

小兔： 其实测试30这个话题，国文跟恒温一样有发言权。

国文： 我去年的状态还是比较焦虑的，就是感觉有些难免要经历的事情来了。

Monkey： 国文我觉得你现在这个状态挺好的，时间段把握得刚刚好。我其实蛮向往你现在的状态。我觉得到你这个时间段差不多正好，相对来说比较好，恒温说要么早要么晚，其实早也早不到哪里。结婚之后，就变成了啥事情都要自己来，比较烦，再加上每天还要工作很长时间，已经接近人生一个大坎，我活到现在没再大过这个坎。但是我觉得有一点就是，这个时候要想开，其实就是想不开也没用，改变不了事实。

小兔：听到现在为止，我听到30岁，我觉得好像真会搞得话题比较沉重的样子，我想问就是除了年龄越来越大，有家庭，家庭成员越来越来肯定使男人承担的责任越来越多，有没有到了30岁的时候会比以前更好的地方？

Monkey：变好？

恒温：越来越老啊！这就是最好的技能。

小兔：越来越靠近男人四十一枝花是吗？

Monkey：花是花不出来了，我已经看出来到四十基本都谢顶了。

小兔：我觉得就像树木会随着时间的推移长大，人随着年龄的增长也会有一些事情在慢慢积累往好的方面发展，你们觉得呢？

Monkey：我觉得如果是撇开钱来说的话，那还是有的，活在这个社会尤其咱们在上海，这个情况就不容乐观。

小兔：就是年龄越来越大要花钱的地方越来越多，虽然看起来工资是比以前越来越高，挣得越来越多但是要花的那些钱就像黑洞永远填不满是吗？

Monkey：国文，你觉得呢？

国文：对，我们的生活成本还是蛮高的。

Monkey：就目前来看我身边还没有什么好的例子。

小兔：记得还在大学的时候，曾经有一个朋友说她最憧憬的就是30岁的时候，感觉到那个时候，她说的是女生，我不知道为什么她觉得女生到30岁是最好的，不过到了那个时候人会比较成熟，然后人生的各个方面，家庭啊，事业啊，可能都有所成，她觉得那个时候人生是最美的，但是好像现在看到现实中大家的感觉不是这个样子的。

Monkey：所以说这个事情是不存在理想的。

恒温： 我觉得主要是时代变化了。

小兔： 时代变化了这个怎么讲？

恒温： 就像青年的定义一样的吧，最早的时候青年的定义为30、40，后来慢慢变成50、60，那再下去的话青年就可以定义到80、90对吧？这个和退休年龄一样，一开始可以50退休，现在可以变成60，再后来要变成70，在后来要变成80。

小兔： 然后人就越来越长寿。

恒温： 现在就是活到老做到老，操劳到老。

Monkey： 上周我在南京讲座的时候，只要是应届生来问我，我都会回答请你好好对待你的职业生涯，千万不要选测试。

小兔： 那如果有一天大家都信奉你这句话都不来做测试，这个世界会是什么样的？

Monkey： 很好，非常地好，非常地完美。

小兔： 恒温怎么看？

恒温： 做这个行业的人总归是有的，当然有成功的测试，也有像我们这样苦苦挣扎的测试，还有失败的测试。

Monkey： 我觉得这是个时间问题，也不存在失败或者成功。就是说如果咱们早做几年，或者晚做四五十年，说不定咱们都是成功的。但现在在这个时间点，整个行业就是个很乱的行业，根本是不会正向发展的，根本是职责不明扯淡的一个行业，这个真的得就像你说的做到老学到老，而且还得不停地学，这算啥事？

小兔： 你们怎么定义测试的成功呢？

恒温： 这个要思考的，好吗？

小兔： 那你们告诉我你们的思考好吗？不然我以为我又掉线了。

恒温： 我觉得对我而言目前短暂的成功就是能准时上下班，准时有双休日，准时有节假日。

Monkey: 不错。

小兔: 然后Monkey思考好了吗? 你说的成功是什么样的?

Monkey: 我不指望成功。

小兔: 但是我相信有很多人知道了你的事迹之后,都觉得你现在是成功的。

Monkey: 所以我说这个社会的大部分人都喜欢道听途说,都喜欢没有客观地或没有真正地去看待事实。正因为这样子,你也可以认为是一种浮躁,所以导致测试行业现在非常混乱。

我以前和一个大二的学生聊过一个比较有人生哲理性的话题,就是不管包括测试在内的各个行业,比如政府、教育等等地方,总会随着社会发展步入正途。总有一天某个人会举着旗帜说,我们应该怎样怎样做,我们来规范哪些东西。然后和他聊了之后呢,至少从我的角度来看,他是一个能力上非常牛逼的人,但是从他的角度来讲无论他怎么努力,他和我都是他思想当中的祭品,除非你直到改变的那一刻为止,之前所有的人无论做什么事情都是极品,这些人只是为了一个成功而进步千分之一、万分之一。所以我不太指望自己有生之年能看到整个行业踏入正途的这个时刻,对我来说肯定不存在成功。

小兔: 虽然是这么个样子,但是活在这么个当下还是要挣扎两下吧?

Monkey: 对啊,所以说现在除了我在挣扎,基本上也没有跟我年龄相仿的人在挣扎。要么就是默默无闻的,要么就是在那边想办法扯淡赚钱的,除了我真正地露面挣扎外,我没有看到第二个人像我一样露面挣扎。

小兔: 感觉你们像站在山的高处,能看到很广很远的景色;而有很多人还是在山脚或山腰上,所以大家对成功的定义就不一样了。而且我觉得就是因为还有很多人在山脚和山腰,所以才有人站在山顶说你们这群愚蠢的人类。

Monkey: 反正都是祭品,这点都看得出来的。

你看我们最近都是这种状态,要么就是不停地加班,要么就是像我一样天天写ppt到两点钟,要么就像国文一样哄哄孩子继续做着现在的工作。

小兔： 感觉人生就是一个又一个围城，大家看到不同的围城想进去，然后羡慕着不同围城外面的世界。比如有很多像我这个样子，到了谈婚论嫁的年龄还在单身，还在寻找另一半，想步入你们那种生活。

你们有过很迷茫不知道做什么找不到方向的时候吗？

恒温： 我现在这种状态就是因为我完全不知道自己到底要什么，所以就成了现在这样一个状态。

Monkey： 每个人都有困苦的地方，比如我自己，刚工作的时候是写case，一直写，并且不停地被老板骂，要么说你case写得不好，要么就是说你这边漏掉那边漏掉，总之就是让你觉得没有自信。因为一方面我是专科毕业本来就没有太大自信，另一方面是被他们一直讲一直讲也就更没什么自信，到最后觉得自己压根就不能胜任这份工作，就不想干了。但是由于当时的金融危机，实在找不到工作又只能硬着头皮做下去。

小兔： 所以你在一个行业里待着，并不是你有多看好多喜欢，有的时候就是这么现实的各种机缘夹杂在一起，也就在这边待着了。

Monkey： 我刚开始做这些的时候其实啥都不知道。安卓是啥？iOS是啥？我根本不知道。你问我测试是什么，我会告诉你说，测试就是玩玩手机的；这是我最能直白的通俗的理解的一个语言，我根本不知道是干嘛的，你问我测试用例是什么，其实我是不知道的，所以才会一直被骂，被指责这个做不好，那个做不好，然后老板说你做测试这么不认真，你根本不能做测试。

小兔： 然后你就靠着抗打击能力很强，就这么坚持下来了？

Monkey： 也没有啊，我也有过精神很疲劳、肉体也很疲劳的时候，甚至有过几次是凌晨在医院打点滴，打好点滴4点钟，然后回家，之后过两个小时再去上班。就这样不停地做，然后第二天晚上再去打点滴。所以说那个时候是属于，啊，我根本就不会去管这个叫不叫迷茫，只能说当时脑子里就是一片空白，根本不知道自己在想些什么。

小兔： 就是感觉被生活和工作推着走。

Monkey: 对，除了说知道现在是在工作或者知道自己是属于这个世界一部分，你其实想不出别的什么，尤其是处于上面那种状态的时候。

小兔： 能被推着往前走也是好事情啊，总比停在原地好。

Monkey: 没有，不是的，这样未必是件好事。因为现在行业里的大部分人就是这个样子的，迷茫，但他不知道该怎么走。当他不知道该怎么走的时候，根本就不会做选择；当他不知道做什么选择的时候，就会原地不动。虽然他感觉是在往前走，但是相对大家来讲，他每年走5厘米，但行业每年走，比如1米，那他还是倒退的。

小兔： 你说这种迷茫，是说你不知道如何在这个行业里能做得更好吗？

Monkey: 大概是三点：第一，他不知道怎么赚到更多的钱，或者怎么提升薪资；第二，他不知道积累哪些更好的技能；第三，他也不知道我做测试将来到底是发展成PM，还是什么，他根本就不知道。也不能确切说他不知道，他可能知道一些，但是他根本不知道自己是属于哪一类。那么，大部分人——目前行业80%的人，到最后就是，要么干脆不干了；要么就是说要干，但是到30多岁、40多岁，也还是不上不下的，最后就烂尾了。大部分就是这些情况，我一直不认为这是个好事。

我实在看到过太多的人，他觉得自己是迷茫的，或者他觉得不知道方向，但是时间过得很快，1年、2年、3年就这样悄悄过去了，然后慢慢慢慢地他就在行业里失去了竞争力，当他醒悟过来却已经来不及了。我很能理解这种感受，因为面试面到现在，我碰到过太多这种人。

小兔： 是不是大部分还都是这种人？

Monkey: 对，不管男的女的，我面试的时候碰到过很多人。如果是男的可能还比较坚强的，就会跟我讲，可能自己年轻无知。而一些30岁的女人——无论是找我交流，还是我面试的——如果不注意技能的积累，但是又不想做全职妈妈，等到想在事业上做一番事情的时候，突然发现当自己已经29、30了。就会有人啪地捅破这个美好的假象，告诉你，你现在已经没有竞争力了，你现在也要不起更高的薪水了，你现在要拼了命地学习，这会是一个非常大的打击。

小兔： 我觉得，这些话说到我心坎里了。如果现在不努力，这些就是我的将来。

Monkey：对，这个就看每个人的追求。他们这种会感慨比较深的人，肯定还是希望我在工作上能够有一番作为的，不是说做得多么大，但是至少达到自己满意的程度。但是，当有一个人告诉他们事实，告诉他们想象的跟实际差距很大的时候，就可能承受不住。对于这种情况，我可以很确切地打个比方，比如说假设一个人在一家公司工作，做了5年，也一直工作得很happy，他觉得我现在做得也不错啊，我拿的薪资也不错啊，但是等到他想出去的那一天，不管因为什么原因——和上司闹矛盾，还是就是想跳槽了——当他出去的时候才发现，哦！原来外面的技术和对人才能力的需求跟自己的技能实在差别很大，和在这家公司的认知也相差很多，这时候他就会突然很迷茫，很无助。于是只有一个选择——因为他根本不知道还能学什么——他只能选择继续留在这家公司里。但是继续留在这家公司也等于继续失去他的竞争力，就形成了一个恶性循环，直到最后会有一个年轻的人把他替换掉。

小兔：这种被替换掉的人，反而是大多数？

Monkey：对，是大多数，因为从我目前接触到的一些年轻人来讲，他们的能力真的很强，不是一点点的强，真的很强。

小兔：恒温的话筒怎么没有声音了？

Monkey：恒温在思考。

小兔：这个思考的时间好久哦，他是在等……他果然还是在思考，卡住了。

Monkey：好吧，反正就这样。

总之大环境就这样，没办法，我们处于这样一个时间段。

小兔：你这句话说得好无奈。

Monkey：是很无奈，没有办法，也许我们早个20 年，或者晚个20年都会比现在做得更好，可能影响比现在更多的人，只是现在无能为力。

小兔：但是总归还得往下走。

Monkey：非常艰难地往下走。

后记

大家好，我是Monkey。我看了下本书的稿件，于2014年12月份开工，而我写后记的时间已经是2016年7月份了，不得不感叹时间过得好快。如果你能够通读全书或者收听相关的广播，那么恭喜你，相信你一定看到了很多，学习到了很多。我在这里就沿着时间轴说一下"测试小道消息"的故事吧。

先看下截至现在，测试小道消息的成绩吧。我个人其实已经很满足了。

昨日关键数据 ❓				
节目播放数	订阅用户数	节目分享数量	赞的数量	下载的数量
367	**2**	**0**	**0**	**7**
总数：210422	总数：1482	总数：167	总数：637	总数：7758

我个人其实很喜欢"糖蒜广播"，大家可以在apple的播客上面找到。有一次我和恒温他们聊天的时候，突然觉得我们是不是也在测试行业中去开创一个广播类节目呢？其实2014年的时候，微博、QQ、微信几个平台已经都是消息爆炸的平台了，我觉得在网络广播中测试可以找到一片新的做自媒体的天地。然后在一次有些半玩笑的谈话之后，便开始了测试小道消息广播之旅。

这里需要给大Fenng一朵小红花，其实最早我也是一路看着他的小道消息过来的，我在给广播节目起名字的时候纠结了很久，最终决定了借鉴"小道消息"这样一块金字招牌，才有了测试（圈）小道消息这样一个最后的广播节目名字。

最初的节目自然只有我和恒温，两个大男人在电脑前在网络上吐槽来吐槽去，虽然很带劲，但感觉缺少了一份女性的柔美。随着节目的发展，我们迎来了第一位女主持，也是我们目前测试小道消息节目中驻扎最久的女主持——小兔（本书的作者之一，陈争）。由于测试小道消息是由我最先提出的，同时也是由我牵头来做的，所以早期的广播节目的风格、内容等的走向也都是我来定的。最早对于测试小道消息我希望做成一种行业的内幕消息散播的平台，就有点类似于Fenng的小道消息的风格。所以早期的节目非常有料，几乎都是对于各个公司和一些现象的吐槽。

而随着我们的发展和进步，我们也为了节目的类型和风格考虑了很多，最终定下了几个不同的方向，其中最受欢迎的就是"人物采访"，也就是本书记载的主要内容。我在那时几乎发动了很多朋友来帮忙邀请在测试行业中不同公司、不同领域的测试同学。有在外包工作的，有在金融圈子工作的，有的已经是VP等。我在这里要感谢这些来到我们测试小道消息广播的嘉宾们，虽然有的我们早就熟识，有的现在已经很久不联系，但你们愿意出席节目就是对我们最大的支持。

一晃眼一年过去了，在2015年由于我个人太过繁忙，可能无法再继续主要负责主持小道消息了，机缘巧合之下在微博上找到了我们现在的测试小道消息的负责人兼主持的姑娘——Stone。Stone虽然和我们几个人不在一个城市，但并没有影响她加入TesterHome这样一个大家庭。记得我当初招聘测试小道消息负责人的时候，其实有很多人来应聘，我都暂时hold住了，但直到看到Stone的留言，我就突然感觉就是她了，给我一种她能够做好，也愿意去做好的感觉。随着时间的推移，我们得知了Stone是一名不折不扣的学霸，这让我们也很欣慰，Testerhome的大家庭中也有了一位高材生（哈哈）。

虽然去年一年测试小道消息的主持有很多人，但组织、规划、执行几乎就只有我一个人。这件事情我当初也和Stone说过，这件事情看上去不难，实际上其中学问和困难很多。

- 如何很好地平衡测试小道消息、工作、家庭这三者。毕竟多出了一份不大不小的工作量

- 需要自己去制定小道消息的发展路径

- 需要自己去寻找资源，比如嘉宾

- 需要坚持，因为节目一般是一周一次或者两周一次

- 需要很好地把握节目的节奏

- 需要很好地拿捏节目的尺度

以上这些就是我最早给Stone的一个挑战，随着每个人的工作发展和人生道路的发展，每个人都会有事业、家庭上的双重压力，而突然之间，还需要背负一个每周一次节目的压力，这的确是一个不小的挑战。其实我相信每个工作的人都会明白，很多时候我们几乎对时间是没有概念的，我们更喜欢自由安排时间，而不是固定去做某件事情，因为这样就会有无形的压力。但非常不巧的是，测试小道消息是一档节目，它必须去拥有自己的一个周期，而测试小道消息节目所涵盖的类型我也有一定的规划，当然最后的决定权和执行都交给Stone，我只不过是给一些建议。我个人的风格就是既然有负责人了，那么负责人说了算，否则叫啥负责人呀，哈哈。

虽然目前测试小道消息只是Testerhome衍生出的一个产品，但我希望终有一天我们的负责人Stone能够将这个节目独立出来，树立自己的品牌，并且能够去影响整个测试行业，让更多的人知道测试小道消息，也有更多的人愿意到节目中来分享自己的人生经历。

最后我在这里要感谢下荔枝FM这个产品，你们提供了一个不错的平台，其实在你们不知情的情况下，我们也和你们一起成长了1年多的时间，希望你们能够越来越好，也希望我们能够一起成功。